INTRODUÇÃO À LÓGICA MATEMÁTICA PARA ACADÊMICOS

SÉRIE MATEMÁTICA EM SALA DE AULA

inter
saberes

Marcos Antonio Barbosa

INTRODUÇÃO À LÓGICA MATEMÁTICA PARA ACADÊMICOS

2ª edição

inter
saberes

Rua Clara Vendramin, 58, Mossunguê
CEP 81200-170, Curitiba, PR, Brasil
Fone: (41) 2106-4170
www.intersaberes.com
editora@intersaberes.com

Conselho editorial – *Dr. Alexandre Coutinho Pagliarini*
Dr.ª Elena Godoy
Dr. Neri dos Santos
M.ª Maria Lúcia Prado Sabatella

Editora-chefe – *Lindsay Azambuja*

Gerente editorial – *Ariadne Nunes Wenger*

Assistente editorial – *Daniela Viroli Pereira Pinto*

Edição de texto – *Monique Francis Fagundes Gonçalves*

Capa – *Alexandre Correa (design)*
Sílvio Gabriel Spannenberg (adaptação)

Projeto gráfico – *Bruno Palma e Silva*

Diagramação – *Regiane Rosa*

Iconografia – *Regina Claudia Cruz Prestes*

Dados Internacionais de Catalogação na Publicação (CIP)
(Câmara Brasileira do Livro, SP, Brasil)

Barbosa, Marcos Antonio
   Introdução à lógica matemática para acadêmicos / Marcos Antonio Barbosa. -- 2. ed. -- Curitiba : Editora Intersaberes, 2023. -- (Série matemática em sala de aula)

   Bibliografia.
   ISBN 978-85-227-0455-2

   1. Cálculo 2. Lógica 3. Matemática – Estudo e ensino I. Título. II. Série.

23-142691   CDD-511.3

Índices para catálogo sistemático:
1. Lógica matemática   511.3

Cibele Maria Dias – Bibliotecária – CRB-8/9427

1ª edição, 2017.
2ª edição, 2023.

Foi feito o depósito legal.

Informamos que é de inteira responsabilidade do autor a emissão de conceitos.

Nenhuma parte desta publicação poderá ser reproduzida por qualquer meio ou forma sem a prévia autorização da Editora InterSaberes.

A violação dos direitos autorais é crime estabelecido na Lei n. 9.610/1998 e punido pelo art. 184 do Código Penal.

Sumário

Apresentação 9

Organização didático-pedagógica 11

1   Lógica 15

    1.1   Noção de lógica 15

    1.2   Lógica como apoio disciplinar 18

    1.3   Lógica e suas vertentes 21

    1.4   Lógica matemática 23

2   Cálculo Proposicional I e Tabelas-verdade 33

    2.1   Conectivos 33

    2.2   Tabelas-verdade 36

    2.3   Cálculo proposicional 38

    2.4   Álgebra dos conjuntos 48

3   Cálculo Proposicional II   59

    3.1   Tautologias   59

    3.2   Contradições   61

    3.3   Contingências   61

    3.4   Relação de implicação ($\Rightarrow$)   62

    3.5   Relação de equivalência ($\Leftrightarrow$)   65

    3.6   Método dedutivo   67

4   Sentenças abertas   71

    4.1   Sentenças abertas: conceito   71

    4.2   Quantificadores   72

    4.3   Negação de proposições por quantificadores   75

    4.4   Negação e álgebra das proposições   76

    4.5   Lógica argumentativa   81

Considerações finais   105

Referências   107

Bibliografia comentada   111

Anexo   113

Respostas   117

Nota sobre o autor   127

"O professor bem-sucedido já não é uma sumidade, bombeando conhecimento a alta pressão para receptáculos passivos. [...] É um estudante veterano, ávido de ajudar seus colegas mais jovens."

William Osler

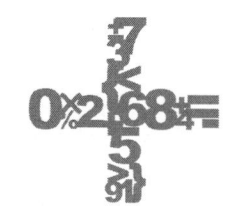

Apresentação

Esta obra tem a finalidade de inspirar e prover suporte acadêmico em Lógica Matemática – disciplina pouco empregada no cotidiano do senso comum –, com base na fundamentação e na exploração do seu conhecimento. Este estudo permite, por meio de suas refutações e conclusões, compreender a formação do raciocínio, para facilitar a tomada de decisão e o pensamento.

Outra questão não menos importante da lógica é que ela desenvolve e cria novas formas de pensar em relação à cognição (conhecimento). Esse é o conhecimento que se origina da interação entre sujeito e objeto observável.

Também sabemos que quase todo o conhecimento, sofisticado ou não, que temos adquirido com o passar dos tempos se dá pelas metodologias empregadas, com ou sem rigor – ora por meio do conhecimento científico, ora pelo conhecimento gerado pelo senso comum. De qualquer forma, ambos os tipos de conhecimento norteiam-se por uma cadeia de raciocínio lógico.

A lógica matemática permite criar, discutir, concordar ou discordar sobre o mundo das ideias. Por meio de bons ou maus argumentos, podemos discutir em que grau os conhecimentos sobre algo ou alguém são profundos.

Nessa perspectiva, trazemos no primeiro capítulo um conceito de compreensão da lógica como instrumento, abordando suas vertentes, e buscamos nos familiarizar com seus elementos básicos, como tabelas-verdade e operadores lógicos, para facilitar o cálculo proposicional.

No segundo e terceiro capítulos, abordamos, utilizando álgebra de conjuntos, as relações entre tabelas-verdade, diagramas e operadores da teoria de conjuntos, novamente enfatizando o cálculo proposicional, mediante estudos comparativos entre proposições tautológicas, contradições, contingências e algumas relações de equivalência de proposições por meio de tabelas-verdade.

Por fim, procuramos trabalhar, no quarto e último capítulo, os temas de sentenças abertas, seus operadores e sua negação, bem como a negação de outros operadores lógicos, juntamente com a lógica da argumentação, expondo os modos de argumentos, sua validade e seus métodos de validação.

Organização didático-pedagógica

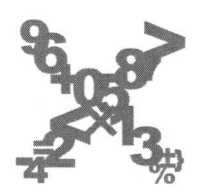

Esta seção tem a finalidade de apresentar os recursos de aprendizagem utilizados no decorrer da obra, de modo a evidenciar os aspectos didático-pedagógicos que nortearam o planejamento do material e como o aluno/leitor pode tirar o melhor proveito dos conteúdos para seu aprendizado.

Introdução do capítulo

Logo na abertura do capítulo, você é informado a respeito dos conteúdos que nele serão abordados, bem como dos objetivos que o autor pretende alcançar.

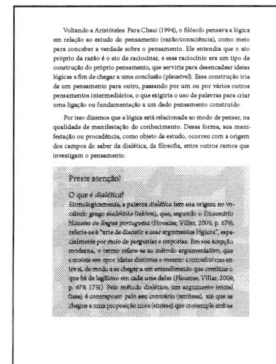

Preste atenção!

Nestes boxes, você confere informações complementares a respeito do assunto que está sendo tratado.

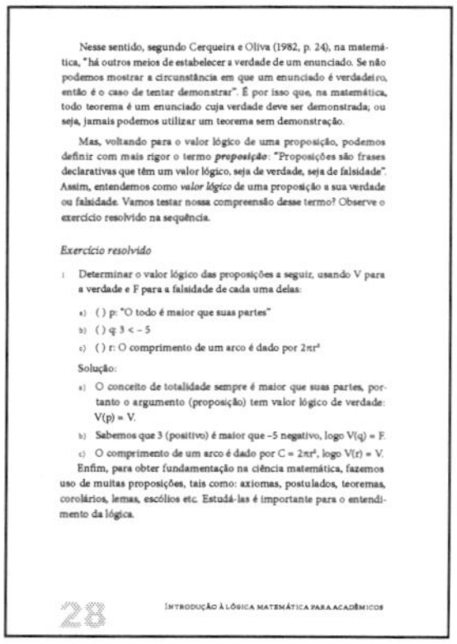

Exercício resolvido

Nesta seção a proposta é acompanhar passo a passo a resolução de alguns problemas mais complexos que envolvem o assunto do capítulo.

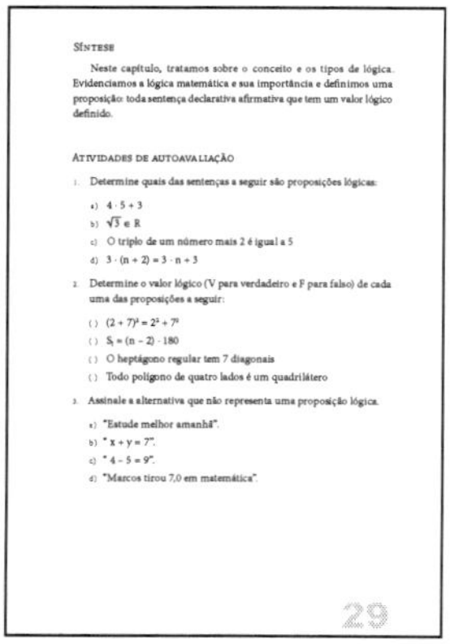

Síntese

Você conta, nesta seção, com um recurso que o instigará a fazer uma reflexão sobre os conteúdos estudados, de modo a contribuir para que as conclusões a que você chegou sejam reafirmadas ou redefinidas.

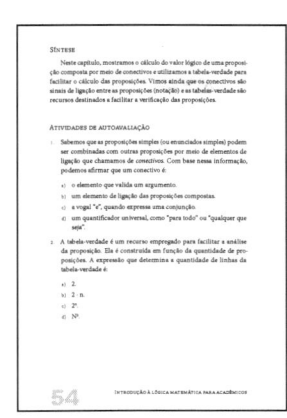

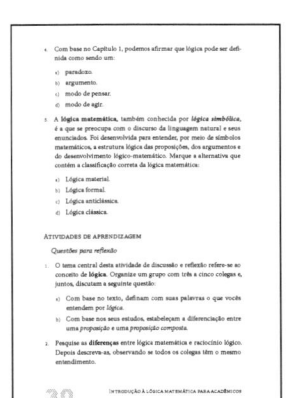

Atividades de autoavaliação

Com estas questões objetivas, você tem a oportunidade de verificar o grau de assimilação dos conceitos examinados, motivando-se a progredir em seus estudos e a se preparar para outras atividades avaliativas.

Atividades de aprendizagem

Aqui você dispõe de questões cujo objetivo é levá-lo a analisar criticamente determinado assunto e aproximar conhecimentos teóricos e práticos.

Bibliografia comentada

Nesta seção, você encontra comentários acerca de algumas obras de referência para o estudo dos temas examinados.

Lógica

Neste capítulo, abordaremos a construção do pensamento lógico, fazendo uma reflexão sobre o modo como o compreendemos, como o identificamos e como o utilizamos para fundamentar nosso modo de pensar. Estudaremos os tipos de lógica e suas linguagens e reconheceremos a lógica matemática como uma linguagem com padrões próprios. Por fim, definiremos o conceito de proposição – que pode ser simples ou composta –, diferenciando-o de seu valor lógico.

1.1 Noção de lógica

Você já deve ter usado a palavra *lógica* em várias situações, para afirmar seu conhecimento sobre algo ou para ressaltar algo que parece "óbvio" segundo a sua maneira de pensar. Frequentemente, usamos expressões como *"é lógico"*, ou *"é lógico que vai ..."*. Mas será que realmente podemos afirmar que um pensamento pode ser lógico? Nessa mesma linha, outra pergunta a se propor é: Em que situações nós nos baseamos para fazer tais afirmações?

Essas perguntas remetem à nossa maneira de pensar e ao fato de que expressões dessa natureza sempre nos levam a opinar para justificar algo que parece muito evidente. Normalmente, nos diálogos, quando queremos defender um ponto de vista ou uma posição, fazemos uso de afirmações ou suposições para arrematar nossos argumentos. Muitas vezes, essas afirmações ou suposições são fundamentadas em nossa visão de mundo, nas nossas experiências ou, ainda, em comparações com outras situações vivenciadas no dia a dia – embora saibamos que nem sempre isso seja suficiente para defender uma ideia ou sustentá-la. Nesse aspecto, Flávia Soares (2004, p. 2) concorda que:

> Para provar alguma coisa, sustentar uma opinião ou defender um ponto de vista sobre algum assunto, é preciso *argumentar*. Ou seja, é preciso apresentar justificativas convincentes e corretas que sejam suficientes para estabelecer, sem deixar nenhuma dúvida, se uma afirmação é falsa ou verdadeira. [grifo do original]

De acordo com Soares (2004), a lógica formal tem esse propósito. Para a autora, a lógica surgiu com Aristóteles e tem como objetivo ser um **instrumento do pensamento** para raciocinarmos corretamente. No entanto, não podemos negar que o aparecimento da lógica, como ciência, é anterior a Aristóteles: ele se dá com a escola platônica e socrática. Mesmo a noção aristotélica de que a lógica é um instrumento é controversa. Para alguns autores, ela pode ser entendida como uma "**ciência do raciocínio**", cuja origem vem do grego clássico, λογική, ou seja, *logike*, que significa "logos" – o pensamento, a ideia, a razão, o argumento.

Não daremos, por razões de espaço, a devida importância para a corrente epistemológica defendida em cada ponto nem nos posicionaremos sobre qual perspectiva defendida sobre a lógica é a mais correta, pois a nossa intenção é entender a compreensão que temos da lógica, principalmente da lógica matemática, que é foco do nosso estudo.

O que precisamos entender e aceitar a respeito da lógica é que ela não se refere a nenhum ser, a nenhuma coisa, a nenhum objeto em particular, nem mesmo a algum conteúdo, mas a um **modo de dar forma ao pensamento**, de modo que possamos chegar à verdade ou à falsidade sobre si ou sobre algo.

Voltando a Aristóteles: Para Chaui (1994), o filósofo pensava a lógica em relação ao estudo do pensamento (razão/consciência), como meio para conceber a verdade sobre o pensamento. Ele entendia que o ato próprio da razão é o ato de raciocinar, e esse raciocínio era um tipo de construção do próprio pensamento, que serviria para desencadear ideias lógicas a fim de chegar a uma conclusão (plausível). Essa construção iria de um pensamento para outro, passando por um ou por vários outros pensamentos intermediários, o que exigiria o uso de palavras para criar uma ligação ou fundamentação a um dado pensamento construído.

Por isso dizemos que a lógica está relacionada ao modo de pensar, na qualidade de manifestação do conhecimento. Dessa forma, sua manifestação ou procedência, como objeto de estudo, ocorreu com a origem dos campos do saber da dialética, da filosofia, entre outros ramos que investigam o pensamento.

> ### Preste atenção!
>
> #### O que é *dialética*?
> Etimologicamente, a palavra *dialética* tem sua origem no vocábulo grego *dialektike* (*tekhne*), que, segundo o *Dicionário Houaiss da língua portuguesa* (Houaiss; Villar, 2009, p. 679), referia-se à "arte de discutir e usar argumentos lógicos", especialmente por meio de perguntas e respostas. Em sua acepção moderna, o termo refere-se ao método argumentativo, que consiste em opor ideias distintas e mesmo contraditórias entre si, de modo a se chegar a um entendimento que combine o que há de legítimo em cada uma delas (Houaiss; Villar, 2009, p. 679, 1751). Pelo método dialético, um argumento inicial (tese) é contraposto pelo seu contrário (antítese), até que se chegue a uma proposição nova (síntese) que contemple ambas.

Por outro lado, pode-se entender também o pensamento lógico como aquele que apresenta **subsídios de sustentação** para um argumento por meio das evidências, pois, de acordo com Aristóteles, a lógica era formada pela tríade: conceitos, juízos e raciocínio. A ligação entre esses três elementos permitia criar argumentos válidos.

Nesse sentido, de acordo com Soares (2004), "A lógica é o que devemos estudar e aprender antes de iniciar uma investigação filosófica ou científica, pois somente ela pode indicar qual o tipo de proposição, de raciocínio, de demonstração, de prova, de definição que uma determinada ciência pode usar". Nesse ponto, concordamos com a autora: afinal, sem conhecer a lógica, fica muito difícil entender a fundamentação ou a corrente epistemológica de uma determinada ciência.

1.2 Lógica como apoio disciplinar

Agora que sabemos a definição de *lógica*, podemos concebê-la como apoio disciplinar. Embora o tema *lógica* não seja tão explorado como recurso de apoio para a construção do conhecimento disciplinar (conteúdo), fica evidenciado que, para que este seja possível, é preciso primeiramente estruturar o pensamento.

Em qualquer área do conhecimento, os conteúdos apreendidos ou abordados sempre seguiram uma estruturação, formada por leis próprias, regras e normas, as quais servem para demonstrar a verdade ou a falsidade de seus elementos, argumentos e teorias. Historicamente, a escola grega e romana, por meio de seus ensinamentos, usava muito a lógica, juntamente com a dialética, para ensinar. Com o passar do tempo, a escola fragmentou o conhecimento, em função de suas especificidades, e passou a utilizar a lógica como instrumento. Isso contribuiu para avanços significativos nas áreas das ciências.

Segundo Chaui (1994, p. 231), a lógica aplicada na disciplina escolar "estabelece as condições e os fundamentos necessários de todas as demonstrações. Dada uma hipótese, permite verificar as consequências necessárias que dela decorrem; dada uma conclusão, permite verificar se é verdadeira ou falsa".

> **Preste atenção!**
>
> **O que são *premissas*?**
> No campo da lógica, uma *premissa* é "cada uma das proposições que compõem um *silogismo* e em que se baseia a conclusão" (Houaiss; Villar, 2009, p. 1543). Em outras palavras, trata-se da conjugação de duas ou mais sentenças declarativas das quais decorre uma terceira, que é a conclusão. Em termos lógicos, uma premissa – assim como a conclusão decorrente – é necessariamente verdadeira ou falsa, não havendo a possibilidade de meio-termo ou ambiguidade.
>
> **O que é um *silogismo*?**
> Segundo o *Dicionário Houaiss da língua portuguesa*, *silogismo* é um "raciocínio dedutivo estruturado formalmente a partir de duas proposições (premissas), das quais se obtém por inferência uma terceira (conclusão)" (Houaiss; Villar, 2009, p. 1744).

Na epistemologia (filosofia das ciências) – conhecimento que sustenta todas as produções de saber –, a lógica tem papel importantíssimo, pois é ela que efetivamente fundamenta e estrutura a linguagem das ciências. Um exemplo disso é a linguagem matemática, que, além do simbolismo, precisa de definições, propriedades, postulados, axiomas etc. Ela também é fundamental para julgar se um teorema é verdadeiro ou falso e, a partir disso, tirar outras conclusões, propor outras conjecturas, provar outros teoremas (Soares, 2004).

Assim, para Druck (1990), o estudo da lógica no ensino fundamental e médio não deve ser um ponto localizado em algum momento específico do currículo escolar, mas uma preocupação metodológica presente sempre que algum ponto do programa permitir. Isso se confirma quando, em nossas conversas, nossas leituras ou até mesmo na vida escolar e profissional, fazemos uso da lógica, pois ela não se restringe a um objeto exclusivo da matemática ou de outra ciência. O que acontece é que o conhecimento matemático facilita o estudo da lógica como construção do conhecimento. Mas a lógica se presta a muitas outras coisa. Para Soares (2004, p. 2-3),

> no sistema escolar e na vida em sociedade, certo domínio da lógica é necessário ao desenvolvimento da capacidade de distinguir entre um discurso correto e um incorreto, na identificação de falácias, no desenvolvimento da capacidade de argumentação, compreensão e crítica de argumentações e textos.

Preste atenção!

O que é *falácia*?

Falácia, ou *sofisma*, é um raciocínio formulado com o propósito de induzir ao erro, ou seja, uma argumentação falaz. Trata-se de "argumento ou raciocínio concebido com o objetivo de produzir a ilusão da verdade, que, embora simule um acordo com as regras da lógica, apresenta, na realidade, uma estrutura interna inconsistente, incorreta e deliberadamente enganosa" (Houaiss; Villar, 2009, p. 869, 1763).

De qualquer forma, é na matemática que a lógica ganha maior destaque. Para Machado (2001), a matemática desenvolve o raciocínio lógico. O autor lembra ainda que, historicamente e em diversas épocas, muitos filósofos contribuíram para legitimar uma associação entre as disciplinas de Matemática e Filosofia, nas quais o papel da lógica seria fundamental.

Por isso, é essencial que no ensino, seja de matemática, seja de outras disciplinas, bem como nos livros didáticos e nos cursos de formação, os leitores, os professores e os alunos sejam incentivados à **construção dos conteúdos**, utilizando o raciocínio dedutivo e a lógica matemática por trás da estrutura do conteúdo matemático.

O desafio está em acrescentar, na estrutura da construção do conhecimento e da aprendizagem, uma lógica que vá além do âmbito do pensamento matemático, possibilitando a melhoria da capacidade de resolver problemas, pois certas semelhanças com as regras da lógica facilitam o entendimento para a resolução de situações que se apresentam no cotidiano.

Dessa forma, a lógica passa a ser uma ferramenta poderosa para as disciplinas escolares e para o ensino da matemática, pois sua estrutura, suas propriedades, sua linguagem simbólica e seus argumentos são mecanismos importantíssimos para a construção do saber.

1.3 Lógica e suas vertentes

Se pensarmos na lógica como a manifestação do pensamento, poderemos diferenciá-la em virtude da sua fundamentação, o que, com certeza, ajudará a embasar qualquer apoio disciplinar. Atualmente, a lógica tem várias linhas de pensamento ou de estudo. A fim de nos familiarizarmos com essas outras vertentes em que a lógica se manifesta, vamos fazer um breve resumo de seus tipos e seus objetivos. Partimos do pressuposto de que a lógica se divide em duas correntes: **lógica clássica** e **anticlássica** (ou moderna).

Embora vários autores discutam muito essa diferença, entendemos que a **lógica clássica** é fundamentada pelos simbolismos, pela forma padrão aristotélica, e adota um rigor mais fundamentalista. Citamos aqui algumas formas de reconhecimento da lógica clássica apontadas por Jur (2017), as quais dizem respeito ao modo como ela se apresenta nessa corrente clássica. De início, temos a lógica aristotélica, entendida como ciência do julgamento, que divide a lógica em *formal* e *material*. A **lógica formal** ou **simbólica** estuda a estrutura do raciocínio, como se dão as relações entre conceitos e provas. Aliás, esse será nosso objeto de estudo, pois ela é também conhecida como *lógica matemática*, uma vez que valida os raciocínios mediante de estruturas criadas por regras próprias. Estrutura-se, porém, mais na construção da linguagem. São ditas *lógicas formais*:

- A **lógica de programação**, que é a linguagem usada para criar programas de computador (algoritmos – sequência lógica de instruções para execução de tarefas).

- A **lógica matemática**, que valida os raciocínios por meio de estruturas ou formas criadas por regras próprias, seguindo o raciocínio matemático.

- A **lógica proposicional**, que examina os raciocínios em relação aos discursos, misturando-se à lógica dos argumentos.

Já a **lógica material** se aplica ao pensamento, à metodologia de cada ciência e ao mundo concreto (realidade material). Quando fazemos pesquisa, estudamos um objeto, e as nossas construções cognitivas sobre esse objeto (verdades ou mentiras), mediante de uma lógica dita *material*. Como exemplo, podemos citar a lógica que valida os argumentos (silogismo). Além dela, temos:

- A **lógica modal**, que agrega o princípio das possibilidades.

- A **lógica epistêmica**, chamada de *lógica do conhecimento*, que engloba o princípio da incerteza: "pode existir vida além da morte, mas não há provas".

- A **lógica deôntica**, vinculada à moral, aos direitos, às obrigações, às proibições: "Proibido sonegar impostos".

As lógicas anticlássicas, por sua vez, são formas de lógica que não aceitam pelo menos um dos três princípios fundamentais da lógica clássica, que são os princípios da não contradição, do terceiro excluído e da identidade, como veremos mais adiante. Entre elas, podemos citar:

- A **lógica paraconsistente** – As sentenças podem ser falsas ou verdadeiras, depende apenas do contexto: "beltrano é cego, mas vê".

- A **lógica paracompleta** – Uma sentença pode não ser totalmente verdadeira ou falsa: "Alguém conhece a história de vida de Lampião sem ter vivido com ele" – essa sentença não seria verdadeira, pois ninguém está vivo para falar de Lampião por experiência própria, mas tampouco falsa, pois alguém pode ter estudado a vida dele em livros.

- A **lógica fuzzy** – Também chamada de *lógica difusa*, agrega uma terceira possibilidade: "é, não é, ou pode ser".

Acreditamos que esse recorte seja suficiente para nos situarmos nas diversas manifestações da lógica. Mas vamos voltar para a nossa lógica de estudo, que trata especificamente da lógica na matemática.

1.4 Lógica matemática

De acordo com Cuore, citado por Tobias (1966), a lógica é a ciência que coloca ordem nas operações da razão, a fim de que se atinja a verdade. Seus padrões e comportamentos podem ser aplicados a qualquer área de estudo. A **lógica matemática**, também conhecida por ***lógica simbólica***, é a que se preocupa com o discurso da linguagem natural e seus enunciados. Foi desenvolvida, por meio de símbolos matemáticos, para se entender a estrutura lógica das proposições, dos argumentos e do desenvolvimento lógico-matemático.

Por meio de suas leis, métodos e propriedades, as hipóteses ou proposições podem ser entendidas pela linguagem matemática, gerando-se assim um modo claro de facilitar a compreensão das estruturas lógicas criadas pelos argumentos.

Embora seja usada em outros ramos das ciências para o desenvolvimento na solução de problemas em diversas áreas, é na matemática, como já defendemos, que é possível entender melhor a lógica. Afinal, é quase impossível diferenciá-la da construção da ciência matemática, pois, da forma como a conhecemos, ela se funde à construção da linguagem matemática, assim como se fundamenta na construção do pensamento e do raciocínio matemáticos.

Dessa forma, a transformação das sentenças da linguagem natural para a algébrica, fazendo uso de símbolos, fundamentando os cálculos matemáticos, criando regras, leis de comportamento e argumentos válidos, de modo a se estabelecer rigor, faz com que a lógica matemática seja essencial para o pensamento, o ensino e a aprendizagem.

Assim, fazer uso da imersão desse conhecimento matemático e de seu pensamento lógico, tanto com estudantes quanto com futuros professores, é essencial.

Agora que temos um pouco de subsídios para fundamentar a importância da lógica matemática, está na hora de fazer uma imersão nesse vasto campo do saber, a começar pelos seus princípios basais.

1.4.1 Proposições

Na filosofia, o **juízo** é considerado um ato mental, ao passo que a **proposição** é a representação da expressão desse ato. Normalmente, ela é um enunciado gráfico ou fônico, um valor lógico (verdadeiro ou falso) ou um significado que se torna referência. Na lógica matemática, chamamos de *proposição* ou *enunciado* toda sentença declarativa afirmativa que expressa um pensamento de sentido completo. Vejamos alguns exemplos:

- "Professores de Matemática são loucos". Essa sentença afirma que quem é professor de Matemática não é uma pessoa de sã consciência. Assim, ela é entendida como proposição, pois exprime um juízo afirmativo.
- "cos x = ½", que quer dizer: "cosseno de x é igual a meio". A sentença afirma que o cosseno de um ângulo desconhecido tem valor ½.
- "3 + 4 = 7".

Aliás, boa parte da linguagem matemática está estruturada em proposições, como veremos nesta obra.

Observe que ainda não julgamos se as proposições anteriores são verdadeiras ou falsas.

> ## Preste atenção!
>
> ### O que é *paradoxo*?
> Um paradoxo é uma ideia ou conceito que contraria os princípios que o regem, ou que contradiz outra ideia mais amplamente aceita ou mesmo o senso-comum. Etimologicamente, a palavra tem sua origem no vocábulo grego *parádoksos*, posteriormente latinizado para *paradoxon*, que significa "estranho, bizarro, extraordinário" (Houaiss; Villar, 2009, p. 1430). Pode ser definido como "pensamento, proposição ou argumento que contraria os princípios básicos e gerais que costumam orientar o pensamento humano, ou desafia a opinião consabida, a crença ordinária e compartilhada pela maioria" (Houaiss; Villar, 2009, p. 1430). O paradoxo também ocorre, sobretudo em textos literários, como figura de pensamento ou de linguagem, mediante a qual se contrapõem, na mesma frase, palavras ou expressões de significado oposto, de modo a salientar uma noção ou sentimento de contraditoriedade, ou mesmo para combinar ideias discrepantes (Azeredo, 2014).

Podemos observar, com esses exemplos, que qualquer sentença que não seja declarativa afirmativa não pode ser considerada uma proposição. Logo, a expressão "O dia está lindo", ou "Talvez chova", ou "$x + y > 5$" (sentença aberta) e outros paradoxos não são considerados proposições. Iezzi e Murakami (2013) reforçam esse aspecto, afirmando que uma proposição apresenta certas características obrigatórias, como:

- em sendo uma oração, há sujeito e predicado;
- é declarativa (não sendo exclamativa nem interrogativa).

A fim de facilitar as operações entre as proposições da lógica matemática, normalmente as substituímos (sentenças declarativas afirmativas) por **letras latinas minúsculas: p, q, r, s, t** etc. O uso de letras minúsculas serve para indicar as proposições simples (também conhecidas por *fórmulas atômicas*). Isso é feito para simplificar as expressões oriundas do cálculo proposicional. Vejamos:

- p : o quadro é circular;
- q : $\sqrt{2}$ é igual a 1,41.

Assim, as letras p e q passam a representar as sentenças dadas.

Logo, se quero afirmar que "Se o quadro é circular, então a raiz quadrada de dois é um vírgula quatro", fica mais fácil escrever: "Se p então q". Veremos que essa expressão ficará ainda mais reduzida quando adotarmos o símbolo "$\rightarrow$". Dessa forma, temos a representação "p $\rightarrow$ q" (se p então q, a qual é conhecida como *relação de implicação*).

Ainda se tratando dos aspectos básicos das proposições, podemos classificá-las em **proposições simples ou compostas**. São simples as proposições que apresentam apenas uma sentença ou enunciado, que é declarativo e afirmativo, como "o sol é circular" – ou, simplesmente, "p". Já um enunciado ou proposição composta, segundo Cerqueira e Oliva (1982), contém pelo menos um outro enunciado como uma de suas partes. As proposições compostas são representadas por **letras latinas maiúsculas: P, Q, R, S, T** etc., e contêm mais de uma sentença.

- P: Aristóteles é filósofo e matemático (1ª sentença: "Aristóteles é filósofo"; 2ª sentença: "Aristóteles é matemático");
- Q: Platão é careca ou Pitágoras é matemático (1ª sentença: "Platão é careca"; 2ª sentença: "Pitágoras é matemático").

1.4.2 Valores lógicos

Chamamos de *valores lógicos* as proposições que podem ser verdadeiras ou falsas. Assim, quando uma proposição assume um juízo de valor – ou seja, contém a condição de verdade ou falsidade –, ela passa a ter valor lógico. Esse estatuto passa a defini-la como **lógica bivalente**. Segundo Alencar Filho (2002), a lógica matemática adota como regras fundamentais os princípios (ou *axiomas*) da identidade, da não contradição e do terceiro excluído, os quais fundamentam a bivalência.

> **Preste atenção!**
>
> **O que são *axiomas*?**
> De acordo com o *Dicionário Houaiss da língua portuguesa*, axioma é uma "premissa considerada necessariamente evidente e verdadeira, fundamento de uma demonstração, porém ela mesma indemonstrável [...] O princípio aristotélico da [não] contradição ("nada pode ser e não ser simultaneamente") foi considerado desde a Antiguidade um axioma fundamental da filosofia" (Houaiss; Villar, 2009, p. 232).

Vamos entender melhor esses princípios:

1. **Princípio da identidade** – Todo objeto é idêntico a si mesmo.

2. **Princípio da não contradição** – Uma proposição não pode ser verdadeira e falsa ao mesmo tempo; ou seja, dadas duas proposições que sejam contraditórias (uma é negação da outra), uma delas certamente é falsa. Exemplo: "Todo número elevado a zero é igual a 1" e "zero elevado a zero não é 1".

3. **Princípio do terceiro excluído** – Toda proposição ou é verdadeira ou é falsa, excluindo-se uma terceira possibilidade.

Assim, O "valor lógico" de uma proposição p qualquer é representado por:

> $V(p) = V$, se for verdadeira, ou $V(p) = F$, se for falsa.

Vamos reforçar esse ponto por meio de definições. Primeiro, a definição de ***valor lógico***: "Toda proposição tem um valor lógico, chamado de *verdade* se a proposição for verdadeira, e um valor lógico falso, se a proposição for falsa".

Nesse sentido, segundo Cerqueira e Oliva (1982, p. 24), na matemática, "há outros meios de estabelecer a verdade de um enunciado. Se não podemos mostrar a circunstância em que um enunciado é verdadeiro, então é o caso de tentar demonstrar". É por isso que, na matemática, todo teorema é um enunciado cuja verdade deve ser demonstrada; ou seja, jamais podemos utilizar um teorema sem demonstração.

Mas, voltando para o valor lógico de uma proposição, podemos definir com mais rigor o termo **proposição**: "Proposições são frases declarativas que têm um valor lógico, seja de verdade, seja de falsidade". Assim, entendemos como *valor lógico* de uma proposição a sua verdade ou falsidade. Vamos testar nossa compreensão desse termo? Observe o exercício resolvido na sequência.

Exercício resolvido

1. Determinar o valor lógico das proposições a seguir, usando V para a verdade e F para a falsidade de cada uma delas:

    a) ( ) p: "O todo é maior que suas partes"
    b) ( ) q: $3 < -5$
    c) ( ) r: O comprimento de um arco é dado por $2\pi r^2$

    Solução:

    a) O conceito de totalidade sempre é maior que suas partes, portanto o argumento (proposição) tem valor lógico de verdade: $V(p) = V$.
    b) Sabemos que 3 (positivo) é maior que –5 negativo, logo $V(q) = F$.
    c) O comprimento de um arco é dado por $C = 2\pi r^2$, logo $V(r) = V$.

    Enfim, para obter fundamentação na ciência matemática, fazemos uso de muitas proposições, tais como: axiomas, postulados, teoremas, corolários, lemas, escólios etc. Estudá-las é importante para o entendimento da lógica.

Síntese

Neste capítulo, tratamos sobre o conceito e os tipos de lógica. Evidenciamos a lógica matemática e sua importância e definimos uma proposição: toda sentença declarativa afirmativa que tem um valor lógico definido.

Atividades de autoavaliação

1. Determine quais das sentenças a seguir são proposições lógicas:

   a) $4 \cdot 5 + 3$
   b) $\sqrt{3} \in R$
   c) O triplo de um número mais 2 é igual a 5
   d) $3 \cdot (n + 2) = 3 \cdot n + 3$

2. Determine o valor lógico (V para verdadeiro e F para falso) de cada uma das proposições a seguir:

   ( ) $(2 + 7)^2 = 2^2 + 7^2$
   ( ) $S_i = (n - 2) \cdot 180$
   ( ) O heptágono regular tem 7 diagonais
   ( ) Todo polígono de quatro lados é um quadrilátero

3. Assinale a alternativa que não representa uma proposição lógica.

   a) "Estude melhor amanhã".
   b) "$x + y = 7$".
   c) "$4 - 5 = 9$".
   d) "Marcos tirou 7,0 em matemática".

4. Com base no Capítulo 1, podemos afirmar que lógica pode ser definida como sendo um:

   a) paradoxo.
   b) argumento.
   c) modo de pensar.
   d) modo de agir.

5. A **lógica matemática**, também conhecida por **lógica simbólica**, é a que se preocupa com o discurso da linguagem natural e seus enunciados. Foi desenvolvida para entender, por meio de símbolos matemáticos, a estrutura lógica das proposições, dos argumentos e do desenvolvimento lógico-matemático. Marque a alternativa que contém a classificação correta da lógica matemática:

   a) Lógica material.
   b) Lógica formal.
   c) Lógica anticlássica.
   d) Lógica clássica.

Atividades de aprendizagem

Questões para reflexão

1. O tema central desta atividade de discussão e reflexão refere-se ao conceito de **lógica**. Organize um grupo com três a cinco colegas e, juntos, discutam a seguinte questão:

   a) Com base no texto, definam com suas palavras o que vocês entendem por *lógica*.
   b) Com base nos seus estudos, estabeleçam a diferenciação entre uma *proposição* e uma *proposição composta*.

2. Pesquise as **diferenças** entre lógica matemática e raciocínio lógico. Depois descreva-as, observando se todos os colegas têm o mesmo entendimento.

Atividades aplicadas: prática

1. Pesquise, em livros de matemática, o significado dos seguintes termos: *lema*, *postulado* e *corolário*.

2. Elabore um questionário e aplique-o a três professores de matemática que atuem no ensino médio. Formule as perguntas de modo a investigar qual é a opinião deles sobre os temas pesquisados na questão anterior. Analise, em seguida, se todos eles têm o mesmo entendimento desses termos.

Cálculo Proposicional I e Tabelas-verdade

Agora que você já sabe o significado de uma proposição e seus valores lógicos, podemos aprofundar um pouco mais as proposições compostas, que são formadas com o auxílio de conectivos. Em seguida, mostraremos que, com o uso de tabelas-verdade como recurso didático (tema que veremos mais adiante), é possível facilitar a validação dos valores lógicos dessas proposições e compreender a relação entre a tabela-verdade e a álgebra de conjuntos.

2.1 Conectivos

As proposições simples (ou *enunciados simples*) podem ser combinadas com outras proposições, através de elementos de ligação que chamamos de **conectivos**, por meio dos quais, como o termo indica, elas se conectam umas às outras.

Na lógica matemática, esses conectivos são símbolos que representam letras ou palavras, os quais usamos para formar novas proposições. Essas novas proposições passam a ser chamadas de ***proposições compostas***.

Ao juntar proposições, obtemos novas composições argumentativas (sentenças declarativas).

Vejamos alguns conectivos no quadro a seguir.

Quadro 2.1 – Conectivos

Palavras ou letras	Símbolo (conectivo)	Nome lógico
e	$\wedge$	Conjunção
ou	$\vee$	Disjunção
se... então	$\rightarrow$	Condicional
se e somente se	$\leftrightarrow$	Bicondicional
não	$\sim$	Negação, não é conectivo
implica	$\Rightarrow$	Implicação
para todo	$\forall$	Quantificador
existe/pelo menos um	$\exists$	Quantificador

Quanto às informações presentes no quadro, cabe uma observação: a negação não é considerada conectivo, pois é tratada como uma operação lógica. Ela atua sobre uma proposição. Para alguns autores, é considerada como modificador, e não como conectivo. Para, eles a palavra *não* é considerada advérbio de negação.

Fato é que, quando formamos novas proposições com o auxílio de conectivos (proposição composta) utilizando símbolos – ou seja, escrita na linguagem simbólica –, dizemos que temos **fórmulas**.

Assim, podemos combinar duas ou mais proposições. Sejam, por exemplo, as proposições **p**: "2 + 2 = 4" e **q**: "2 é um número primo". Por meio dos conectivos, podemos formar outras fórmulas lógicas. Vejamos o quadro a seguir.

Quadro 2.2 – Proposições e fórmulas

Proposições	Fórmulas
"2 + 2 = 4 **e** 2 é um número primo"	$p \wedge q$
"2 + 2 = 4 **ou** 2 é um número primo"	$p \vee q$
"**Se** 2 + 2 = 4 **então** 2 é um número primo"	$p \rightarrow q$
"**Se** 2 + 2 = 4, **e somente se**, 2 é um número primo"	$p \leftrightarrow q$
"2 + 2 = 4 **implica** em 2 é um número primo"	$p \Rightarrow q$
"2 + 2 ≠ 4"	(é a negação de p) ~ p

Segundo Abar (2017), o símbolo de "parênteses" – ( ) – serve para denotar o "alcance" dos conectivos. Em outras palavras, ele separa os elementos por ordem de sentença. Por exemplo, vamos analisar uma situação que envolve mais de duas proposições p e q, definidas por:

- p: "a soma dos ângulos internos de um triângulo é igual a 360°";
- q: "toda soma de ângulos internos de um polígono convexo é definida por (n − 2) · 180°".

Podemos, com o auxílio dos parênteses, criar a seguinte proposição:

$((p \wedge q) \rightarrow \sim p)$

Eis o significado: "**Se** a soma dos ângulos internos de um triângulo é igual a 360° **e** a soma de ângulos internos de um polígono convexo é definida por (n − 2) · 80, **então**, a soma dos ângulos internos de um triângulo não é igual a 360°".

Ou ainda:

$\sim p \leftrightarrow q$

Nesse caso, o significado é: "A soma dos ângulos internos de um triângulo não é igual a 360° **se e somente se** toda soma de ângulos internos de um polígono convexo é definida por (n − 2) · 180°".

Dessa forma, podemos escrever várias proposições compostas fazendo uso de parênteses e conectivos. Fica evidente que, nesses casos, um certo ordenamento fica estabelecido, obedecendo sempre à ordem de escrita, definida pelos conectivos. Em outras palavras, para se fazer uso de parêntese, temos de considerar sempre uma ordem que começa pela negação e depois pelos conectivos, seguindo a ordenação de primeiro realizar a disjunção, depois a conjunção, seguida pela condicional e bicondicional, respectivamente. Vejamos dois exemplos, para entender melhor o assunto.

1. A fórmula $p \to q \land q \to r \to p \to r$ deve ser entendida como:

   $(((p \to q) \land (q \to r)) \to (p \to r))$

2. A fórmula $p \lor q \land \sim r \to p \to \sim q$ deve ser entendida como:

   $(((p \lor q) \land (\sim r)) \to (p \to (\sim q)))$

2.2 TABELAS-VERDADE

As tabelas-verdade, também conhecidas como *matrizes de verdade*, são recursos destinados a facilitar a verificação dos enunciados (proposições) compostos por meio de conectivos, mediante o cálculo desses enunciados. Elas permitem averiguar a condição de verdade de todas as hipóteses possíveis de serem verdadeiras nesses enunciados.

> **Preste atenção!**
>
> **O que são *hipóteses*?**
> *Hipótese* é uma "proposição que se admite, independentemente do fato de ser verdadeira ou falsa, como um princípio a partir do qual se pode deduzir um determinado conjunto de consequências; suposição, conjectura" (Houaiss; Villar, 2009, p. 1027). Para o senso comum, o termo *hipótese* refere-se à "possibilidade de (alguma coisa que independe de intenção humana ou causa observável) acontecer; chance, opção" (Houaiss; Villar, 2009, p. 1027); exemplo disso é a frase: "*Não há hipótese de nevar no sertão*". Em termos filosóficos, porém, trata-se de uma "proposição (ou conjunto de proposições) antecipada provisoriamente como explicação de fatos, fenômenos naturais, e que deve ser ulteriormente verificada pela dedução ou pela experiência" (Houaiss; Villar, 2009, p. 1027).

> **O que são *hipóteses científicas*?**
> No âmbito da ciência, *hipóteses* são premissas tomadas como pontos de partida de uma pesquisa, aceitas como respostas possíveis a determinado problema e submetidas a verificação por meio do método científico. A investigação científica consiste na busca por evidências que comprovem ou refutem as afirmações contidas em uma hipótese, via de regra mediante o raciocínio e a experimentação. Tais premissas hipotéticas, porém, não são de modo algum aleatórias; elas estão compreendidas no corpo de uma teoria e, uma vez comprovadas, passam a integrar e fundamentar o arcabouço teórico do qual se originaram. Caso refutadas, ao contrário, colocam esse arcabouço em questão, gerando a necessidade de novas hipóteses a serem verificadas

Para construir uma tabela-verdade, sempre começamos definindo o número de linhas que a compõem, o qual está em função do número de proposições simples (n), obedecendo à lei de formação de linhas = 2^n. Lembre-se que uma proposição tem apenas dois valores lógicos: a verdade ou a falsidade. Vejamos como fica isso.

Se houver uma (1) proposição simples qualquer, a tabela-verdade terá, no máximo, duas linhas (2^1), ou seja, uma para cada hipótese de valor lógico (verdadeiro ou falso) definida para a proposição. Observe:

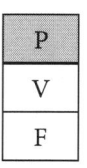

P
V
F

Se forem apresentadas duas proposição simples "p" e "q" quaisquer (ou uma proposição composta P ligada por um conectivo), a tabela terá no máximo 4 linhas, ou seja, $2^2 = 4$ linhas, contendo todas as possibilidades combinadas dos valores lógicos das proposições. Vejamos:

P	Q
V	V
V	F
F	V
F	F

Se houver uma proposição composta com três proposições, P (p, q, r), a tabela terá oito linhas, pois $2^n = 2^3 = 8$ linhas; logo, a tabela ficará assim:

P	Q	R
V	V	V
V	V	F
V	F	V
V	F	F
F	V	V
F	V	F
F	F	V
F	F	F

Segundo Alencar Filho (2002, p. 18): "o valor lógico de qualquer proposição composta depende unicamente dos valores lógicos das proposições simples componentes, ficando por eles univocamente determinados".

2.3 Cálculo proposicional

O cálculo proposicional é também conhecido como **cálculo de enunciados** ou **cálculo sentencial**. Seu objetivo é facilitar a análise das proposições compostas, a fim de decidir o valor de verdade ou falsidade para a sentença, fazendo uso das tabelas-verdade e dos conectivos.

As proposições, como já vimos, podem ser classificadas em *verdadeiras* ou *falsas*, por meio do cálculo proposicional. Vamos, agora, conhecer os enunciados propostos por intermédio das proposições compostas, que formalmente constituem uma sequência finita, formada por menos uma variável enunciativa e um conectivo. Na sequência, iremos aprofundar a linguagem das proposições fazendo uso dos conectivos.

2.3.1 Negação (~)

Dada uma proposição qualquer, como "**p:** 5 é um número natural", sua negação é:

"~ p": "5 não é número natural"

Podemos concluir que, se a proposição p é verdadeira, então a proposição "~ **p**" é falsa, ou vice-versa. Assim, diremos que, dado um enunciado qualquer, a notação "~ **p**", se lê: "**não p**". Exemplos:

1. Se p: 3 ≠ 8, sua negação é representada por ~p: 3 = 8;
2. Se r: 6 > 2, sua negação é ~ r: 6 ≤ 2;
3. t: 4 · 3 = 12, ~t: 4 · 3 ≠ 12.

Na tabela-verdade, a negação de uma proposição é representada por "~p", observe:

p	~p
V	F
F	V

2.3.2 Disjunção (∨)

Se colocarmos o conectivo "ou" entre duas proposições p e q quaisquer, formamos uma nova proposição "**p ∨ q**", que se lê: "**p ou q**", a qual é chamada de ***disjunção*** (ou *disjuntor*) **de p e q**. É importante observar que, na língua portuguesa (no Brasil), a disjunção admite pelo menos dupla interpretação.

Veja um exemplo para entender melhor essa situação. Sejam as proposições p e q definidas a seguir:

1. p: "Esta função requer experiência";
2. q: "Esta função requer formação adequada".

Se juntarmos as duas proposições por meio do do conectivo "ou" – "∨", teremos:

p ∨ q: "Esta função requer experiência" **ou** "formação adequada"

Note que a proposição composta "p ∨ q" assume na sentença que, se uma ou ambas forem verdadeiras, sem uma excluir a outra, dizemos que há uma **disjunção inclusiva**. É comum, no cotidiano, que as sentenças declarativas sejam escritas com o termo **"e/ou"**, para garantir a não exclusão.

Voltando para a nossa proposição, podemos definir a disjunção inclusiva como:

> Disjunção inclusiva de duas proposições quaisquer p e q, é a proposição '**p ∨ q**', cujo valor lógico, V(p, q) = V, é a verdade, quando ao menos uma das proposições é verdadeira. Se ambas as proposições tiverem valor lógico falso, V(p, q) = F, temos a falsidade na disjunção.

Se aplicarmos essa definição a uma tabela-verdade, fica fácil visualizar os valores lógicos dessa sentença. Observe:

p	q	p ∨ q
V	V	V
V	F	V
F	V	V
F	F	F

Nas três primeiras linhas temos ao menos uma verdade, e concluímos que a disjunção só será falsa se, e somente, os dois valores lógicos (também chamados de *disjuntos*, nessa situação) das proposições forem falsos. Segundo Alencar Filho (2002), fica mais fácil perceber esse fato se visualizarmos separadamente cada linha da tabela-verdade, obtendo as igualdades:

$V \vee V = V$

$V \vee F = V$

$F \vee V = V$

$F \vee F = F$

Observe outro exemplo:

1. p: "¾ é uma fração", V(p) = V;
2. q: "A área de um triângulo qualquer pode ser calculada pela fórmula de Heron", V(q) = V.
3. Logo, $(p \vee q) = V(p) \vee V(q) = V \vee V = V$.

> **Preste atenção!**
>
> Entre as descobertas do matemático, engenheiro e inventor grego Heron de Alexandria, que provavelmente viveu no século I da era cristã, uma das mais amplamente utilizadas é, sem dúvida, a fórmula por ele desenvolvida para calcular a área de um triângulo em função das medidas dos seus lados. Segundo Heron, um triângulo cujos lados medem a, b e c terá sua área determinada pela aplicação da fórmula:
> $$A = \sqrt{p \cdot (p-a) \cdot (p-b) \cdot (p-c)}, \text{ sendo } p = \frac{a+b+c}{2}$$

Contudo, às vezes, deparamo-nos com proposições que têm valor lógico de verdade, o que acaba excluindo a possibilidade de verdade da outra proposição. Observe algumas situações na sequência:

1. Sejam duas proposições simples, definidas por:

    a. p: "O aluno foi aprovado".

    b. q: "O aluno foi reprovado".

Se fizermos a composição dessas duas proposições pelo conectivo "$\vee$", teremos uma contradição bem evidente, uma vez que as duas proposições assumem o valor lógico de verdade:

$p \vee q$ = "o aluno foi aprovado ou reprovado"

Nessa situação, temos que fugir da contradição para que o argumento seja válido.

2. Seja q a proposição simples definida por "Marcos é paranaense" e p a definida por "Marcos é carioca". Novamente, teremos uma contradição quando ambas as proposições tiverem seu valor lógico definido com verdadeiras. Pois, se escrevermos a proposição composta Q, teremos:

Q: "Marcos é paranaense **ou** carioca"

Nesses dois exemplos, não existe a possibilidade de ambas as proposições serem verdadeiras. Assim, para que não ocorra a contradição ou a validade da proposição, teremos de excluir um dos argumentos (sentença). Em outras palavras, podemos aceitar uma proposição ou outra, mas não ambas. Quando temos esse tipo de situação, dizemos que se trata de uma *disjunção exclusiva*, cuja notação é indicada por "$\underline{\vee}$" ("$\vee$" com uma barra embaixo).

Analisando a **disjunção exclusiva** pela tabela-verdade, temos:

p	q	p $\underline{\vee}$ q
V	V	F
V	F	V
F	V	V
F	F	F

Assim definimos: **disjunção exclusiva** de duas proposições quaisquer p e q ocorre quando a proposição p $\vee$ q, cujo valor lógico, V(p, q) = V, é a verdade quando ao menos uma das proposições é verdadeira. Se ambas as proposições tiverem valores lógicos falsos ou ambas forem verdadeiras, V(p, q) = F ou V(p, q) = V, temos a falsidade na disjunção exclusiva.

Assim, pela tabela-verdade, temos as igualdades:

V $\underline{\vee}$ V = F

V $\underline{\vee}$ F = V

F ∨ V = V

F ∨ F = F

Desse modo, são válidas as seguintes propriedades na disjunção:

- Associativa = (p ∨ q) ∧ s ↔ p ∨ (q ∨ s).
- Comutativa = p ∨ q ↔ q ∨ p.
- Identidade = p ∨ T (Tautologia) ↔ T e p ∨ C (Contradição) ↔ p.
- Idempotente = p ∨ p ↔ p.

2.3.3 Conjunção (∧)

Da junção de duas proposições por meio do conectivo "**e**" formamos uma terceira "**p ∧ q**", que se lê: "p e q", ou seja, formamos enunciados conjuntivos ou uma *conjunção*. Sua notação é "∧". Assim, dizemos que há conjunção entre duas proposições p e q quaisquer, representada por "**p ∧ q**", cujo valor lógico, V(p, q) = V, seja a verdade, quando ambas as proposições são verdadeiras. Se uma delas for falsa, ou seja, se houver valor lógico falso, V(p, q) = F, temos a falsidade na conjunção. Observe a tabela-verdade:

p	q	p ∧ q
V	V	V
V	F	F
F	V	F
F	F	F

Assim, temos que uma conjunção só é verdadeira quando V(p) = V e V(q) = V, ou seja:

V ∧ V = V

V ∧ F = F

F ∧ V = F

F ∧ F = F

Veja alguns exemplos:

1. Seja R a proposição composta formada por:

   t: 5 · (3 − 1) = 10

   u: 1 > 0

   Logo, t ∧ u : 5 · (3 − 1) = 10 **e** 1 > 0.

2. Sejam as proposições simples, p e q, definidas respectivamente por "Meus alunos estudam muito matemática" e "Meus alunos vão bem na prova". Se fizermos a conjunção, teremos: "Meus alunos estudam muito matemática e vão bem na prova".

Essas sentenças (futuramente as chamaremos de *argumentos*) só são validas se ambas as proposições forem verdadeiras. Logo, teremos V(p) = V e V(q) = V.

São válidas as seguintes propriedades na conjunção:

- Associativa − (p ∧ q) ∧ s ↔ p ∧ (q ∧ s).
- Comutativa − p ∧ q ↔ q ∧ p.
- Identidade − p ∧ T (Tautologia) ↔ p e p ∧ C (Contradição) ↔ C.
- Idempotente − p ∧ p ↔ p.

São, ainda, consideradas como propriedades da conjunção e da disjunção:

- Distributiva − (p ∧ (q ∨ r) ⇔ (p ∧ q) ∨ (p ∧ r)

  p ∨ (q ∧ r) ⇔ (p ∨ q) ∧ (p ∨ r)

- Absorção − (p ∧ (p ∨ q) ⇔ p

  p ∨ (p ∧ q) ⇔ p

2.3.4 Condicional − →

Considere as proposições compostas a seguir:

1. "Se João é Paulista", então "é brasileiro".
2. "Se 2 = 5", então $\frac{1}{2} < \frac{1}{4}$.

Veja que podemos escrevê-las na forma de notação lógica, inserindo o implicador "→", que se lê: " Se ..., então...". Na proposição simples (primeira parte da oração *se*), o implicador denomina-se **antecedente**, e o que vem depois (depois do *então*) chama-se de **consequente**. Assim, p → q se lê: "Se p então q": podemos chamar o "p" de *antecedente* e "q" de *consequente*.

Alguns autores gostam de ler a condicional de outras maneiras, tais como: "se p então q", "p é condição necessária para q" ou "q é condição suficiente para p". Para Alencar Filho (2002, p. 26), uma condicional

> p → q não afirma que o consequente q se deduz ou é consequência do antecedente p. Assim, 3 + 5 = 9 → SANTOS DUMONT nasceu no Ceará. Podemos observar que a proposição "SANTOS DUMONT nasceu no Ceará" é consequência da proposição "3 + 5 = 9". O que uma condicional afirma é unicamente uma relação entre os valores lógicos do antecedente e do consequente.

Assim, chama-se de *condicional* entre duas proposições p e q quaisquer, representada por "**p → q**", cujo valor lógico é V(p, q) = F, o caso em que a proposição p é verdadeira e q é falsa e a verdade, nos demais casos – ou seja, p e q são verdadeiros, ou p é falso e q verdadeiro, ou p e q são falsos –, tem seu valores lógicos todos verdadeiros:

p	q	p → q
V	V	V
V	F	F
F	V	V
F	F	V

Assim, temos que uma conjunção só é verdadeira quando V(p) = V e V(q) = V, ou seja:

V → V = V

V → F = F

F → V = V

F → F = V

A condicional também é conhecida como *enunciado condicional* ou *implicativo* ou *hipotético*.

2.3.4.1 Proposições associadas a uma condicional

Toda condicional pode ser associada a outras três proposições. São elas:

1. Recíproca: $r \to s : s \to r$.
2. Contrária (ou inversa): $r \to s : \sim r \to \sim s$.
3. Contrapositiva: $r \to s : \sim s \to \sim r$.

Podemos perceber que a condicional normal de uma proposição composta é equivalente à sua contrapositiva, enquanto que a sua recíproca é equivalente à sua contrária. Sugerimos que você faça a tabela-verdade delas e verifique essa equivalência.

Vamos ver um exemplo:

1. Seja a condicional: "Se Marcos é matemático, então ele é professor" $r \to s$.

Sua contrapositiva é: "Se Marcos não é professor, então ele não é matemático" $\sim s \to \sim r$.

2.3.5 Bicondicional ou Equivalência – $\leftrightarrow$

Quando formamos uma equivalência de enunciados (duas proposições quaisquer) em português, nós o fazemos por intermédio de expressões como "**se e somente se**" ou ainda "... **é equivalente a** ...".

Preste atenção!

O que é *equivalência* em lógica?
É uma "relação de igualdade lógica ou implicação mútua entre duas proposições, de tal forma que cada uma delas só é verdadeira se a outra também o for" (Houaiss; Villar, 2009, p. 787).

A bicondicional de duas proposições quaisquer p e q – ou seja, a proposição p ↔ q cujo valor lógico, V(p, q) = V, seja a verdade – ocorre quando as duas proposições são verdadeiras ou quando ambas são falsas. Para os demais casos, as proposições têm valor lógico falso, V(p, q) = F.

Observe a tabela-verdade a seguir para entender melhor essa definição.

p	q	p ↔ q
V	V	V
V	F	F
F	V	F
F	F	V

Portanto, a bicondicional é falsa se, e somente, os implicadores são falsos. Alencar Filho (2002) sistematiza a tabela-verdade pelas igualdades:

- V ↔ V = V
- V ↔ F = F
- F ↔ V = F
- F ↔ F = V

Mas é também possível testá-la com proposições. Vejamos:

- V ↔ V = V, temos:

    p: "Marcos é paranaense" e q: "Marcos nasceu no Paraná".

    p ↔ q: "Marcos é paranaense se, e somente se, nasceu no Paraná".

- V ↔ F = F, temos:

    p: "12 é multiplo de 4" e q: "12 é divisível por 5".

    p ↔ q: "12 é múltiplo de 4 se, e somente se, 12 é divisível por 5".

- F ↔ V = F, temos:

    p: "João é desempregado" e q: "João recebe salário".

    p ↔ q: "João é desempregado se, e somente se, recebe salário".

- Por último, temos F ↔ F = V. Seja:

    p: "A terra é plana" e q: "9 é um número primo".

    p ↔ q: "A terra é plana se, e somente se, 9 é um número primo" (V).

2.4 ÁLGEBRA DOS CONJUNTOS

As operações com conjuntos, como união (reunião) e intersecção, também conhecidas como ***álgebra de conjuntos***, apresentam estruturas bem semelhantes às do cálculo proposicional. Vamos analisar as definições necessárias e verificar, por meio da tabela-verdade, como são semelhantes aos diagramas de Venn, instrumento bastante utilizado para explicar o conceito desses operadores. Lembre-se de que não se esgota aqui a teoria dos conjuntos de Cantor nem suas operações com os elementos da teoria de conjuntos.

> Preste atenção!
>
> ### O que são *diagramas de Venn*?
> O matemático inglês John Venn (1834-1923), com base em seus estudos aplicados à lógica, propôs uma forma inovadora de representar graficamente interseções e uniões entre conjuntos, por meio de diagramas. Basicamente, seus diagramas consistem de círculos cujas interseções e interpenetrações permitem analisar as relações entre os conjuntos numéricos por eles representados. Os diagramas de Venn encontram ampla aplicação prática, por exemplo, no terreno da estatística, pois são de grande utilidade na análise dos dados coletados em pesquisas.

Relevante destacar que, segundo Abar (2017), "Toda fórmula do Cálculo Proposicional determina uma operação correspondente entre conjuntos". Por exemplo:

- a negação, que corresponde à complementação;
- a conjunção, que corresponde à interseção;
- a disjunção, que corresponde à união.

2.4.1 Disjunção e união de conjuntos

Para facilitar este estudo, vamos relembrar um conceito: quando agrupamos ou juntamos dois ou mais conjuntos, temos uma **reunião**. Na matemática, essa união sempre se dá por uma relação conhecida entres os conjuntos. Vejamos um exemplo:

1. Sejam A e B dois conjuntos distintos. Temos, em linguagem matemática para união:

   A U B = {x/x ∈ A ou x ∈ B}

   Consequentemente, a proposição composta disjuntiva (p ∨ q) pode ser escrita por "p U q". Lembramos que A U B se lê: "A União B" ou "A Reunião B".

   Vejamos como isso é representado por um diagrama de Venn.

1º Caso

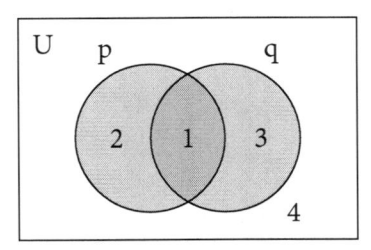

2º Caso

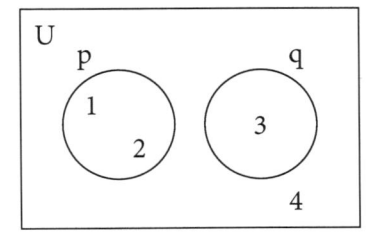

3º Caso

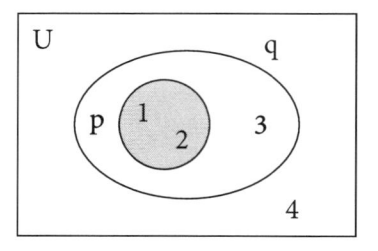

Observando os diagramas, temos que:

- a proposição p representa um conjunto A;
- o conjunto B é representado pela proposição q;
- U é o conjunto universo, que define um conjunto maior, ao qual pertencem todos os elementos envolvidos, ou seja, inclui outros grupos de conjuntos com características comuns, como o conjunto dos números reais para associações com números;
- os valores 1, 2, 3 e 4 são elementos desse espaço universal e representam regiões contidas nos conjuntos p e q, conforme a figura.

Comprovamos, assim, a afirmação de que há equivalência entre a disjunção lógica do cálculo dos predicados e a operação de união entre conjuntos. Se juntarmos, quanto ao Caso 1 (apenas para efeito de demonstração visual dessa afirmação), o diagrama da união e o cálculo disjuntivo em uma tabela-verdade, podemos observar aspectos valiosos:

	p	q	p ∨ q
Região 1	V	V	V
Região 2	V	F	V
Região 3	F	V	V
Região 4	F	F	F

Fonte: Adaptado de Abar, 2017.

Assim, notamos que:

- os elementos de região 1 têm valor lógico verdadeiro para ambos os conjuntos, ou seja, pertencem a p e q;
- os elementos da região 2 têm como valor lógico a verdade (pois a região *pertence*) para p e a falsidade para q (*não pertence*), e assim por diante;
- a região pintada do diagrama de Venn representa a operação de união, a disjunção (p ∨ q), e assume como valor lógico a verdade;
- a região 4 é a parte que pertence ao conjunto universo e está fora da união desses conjuntos.

2.4.2 Conjunção e intersecção de conjuntos

A intersecção nas operações de conjuntos é equivalente à conjunção na lógica, como visto na disjunção. Vamos relembrar a interseção de conjuntos. Sejam A e B conjuntos quaisquer, temos a intersecção definida por:

A ∩ B = {x/x ∈ A e x ∈ B}

Ela se lê: "A inter B", sendo formada pelos elementos que pertencem a A e a B, ou seja, aos dois conjuntos. O conectivo **e**, posicionado entre duas proposições, nos diz que elas devem ser obedecidas ao mesmo tempo. Assim, temos a intersecção de conjuntos de proposições representadas por:

p ∩ q se equivale a p ∧ q

Observe a tabela-verdade a seguir:

	p	q	p∧q
1	V	V	V
2	V	F	F
3	F	V	F
4	F	F	F

Fonte: Abar, 2017.

Note que a região pintada representa a conjunção entre as duas proposições.

2.4.3 Negação e complementar de um conjunto

A negação de uma proposição p corresponde à complementação de p, segundo o quadro:

	p	~p
1	V	F
2	F	V

Fonte: Abar, 2017.

Dessa forma, podemos notar que a negação (~) da proposição simples é a complementar do conjunto. Vamos exercitar um pouco.

1. Dada a proposição ~(p → ~q), represente-a em um diagrama de Venn e hachure as regiões correspondentes ao valor V da tabela-verdade.

	p	q	~q	(p → ~q)	~(p → ~q)
1	V	V	F	F	V
2	V	F	V	V	F
3	F	V	F	V	F
4	F	F	V	V	F

Lembre-se: a região destacada em cinza se refere ao valor lógico da proposição na região apresentada pela tabela.

2. Dada a proposição (p → q), represente-a em um diagrama de Venn e hachure as regiões correspondentes ao valor V da tabela-verdade.

	p	q	(p → q)
1	V	V	V
2	V	F	F
3	F	V	V
4	F	F	V

Lembre-se: a região destacada em cinza se refere ao valor lógico da proposição na região apresentada pela tabela.

Síntese

Neste capítulo, mostramos o cálculo do valor lógico de uma proposição composta por meio de conectivos e utilizamos a tabela-verdade para facilitar o cálculo das proposições. Vimos ainda que os conectivos são sinais de ligação entre as proposições (notação) e as tabelas-verdade são recursos destinados a facilitar a verificação das proposições.

Atividades de autoavaliação

1. Sabemos que as proposições simples (ou enunciados simples) podem ser combinadas com outras proposições por meio de elementos de ligação que chamamos de *conectivos*. Com base nessa informação, podemos afirmar que um conectivo é:

    a) o elemento que valida um argumento.
    b) um elemento de ligação das proposições compostas.
    c) a vogal "e", quando expressa uma conjunção.
    d) um quantificador universal, como "para todo" ou "qualquer que seja".

2. A tabela-verdade é um recurso empregado para facilitar a análise da proposição. Ela é construída em função da quantidade de proposições. A expressão que determina a quantidade de linhas da tabela-verdade é:

    a) 2.
    b) $2 \cdot n$.
    c) 2^n.
    d) N^2.

3. Relacione as colunas de acordo com os argumentos:

   I. Falácia
   II. Argumento
   III. Premissa
   IV. Proposição

   ( ) Informação essencial que serve de base para um raciocínio, para um estudo que levará a uma conclusão.
   ( ) Sentença afirmativa declarativa.
   ( ) Prova que serve para afirmar ou negar um fato.
   ( ) Raciocínio errado que se tenta passar como verdadeiro para enganar outras pessoas.

   A ordem correta de preenchimento dos parênteses é:

   a) I, II, III, IV.
   b) I, II, IV, III.
   c) III, IV, II, I.
   d) III, IV, I, II.

4. Marque a alternativa que designa o conectivo na sentença: "Marcos é professor e médico":

   a) Negação.
   b) Disjunção.
   c) Conjunção.
   d) Condicional.

5. Marque a alternativa que designa o conectivo na sentença: "Se Marcos é matemático, então ele é professor":

   a) Negação.
   b) Disjunção.
   c) Conjunção.
   d) Condicional.

Atividades de aprendizagem

Questões para reflexão

1. Considere as proposições simples: p: "Matemática é uma ciência"; q: "A neve é branca". Escreva em linguagem corrente as seguintes proposições:

    a) ~p
    b) p ∨ q
    c) p ∧ q
    d) ~p → q

2. Escreva na linguagem simbólica as sentenças a seguir utilizando as proposições apresentadas na questão anterior:

    - p: Romeu é professor de matemática;
    - q: Romeu ensina física.

    a) Romeu é professor de matemática e ensina física.
    b) Romeu é professor de matemática e não ensina física.
    c) Não é verdade que Romeu ensina física.
    d) Se Romeu ensina física, então Romeu é professor de matemática.

Atividades aplicadas: prática

1. Com base no seu aprendizado, construa a tabela-verdade das seguintes fórmulas e depois compare-a com de seus colegas:

    a) ((p ∧ q) → s)
    b) (~ (p ∨ q) → s)
    c) (~ p ↔ (q ∧ r))
    d) ((p → q) → (r ∨ ~ s))

2. Faça a representação das proposições a seguir por meio de diagramas de Venn e hachure as regiões correspondentes aos valores lógicos que assumem V como verdade na tabela-verdade:

   a) ~(p ∨ ~q)
   b) p ∧ (q ∨ r)
   c) ~(p ∧ q)
   d) (p ∧ q) ∨ ~r
   e) p ∧ q

3. A figura abaixo forma um diagrama de Venn apropriado para três conjuntos, com 8 regiões que correspondem às 8 linhas da tabela-verdade de três proposições simples (p, q, r). Faça a tabela-verdade e enumere as regiões correspondentes à fórmula: ~((p ∧ q) → ~r), pintando somente a região que corresponde o valor lógico de verdade.

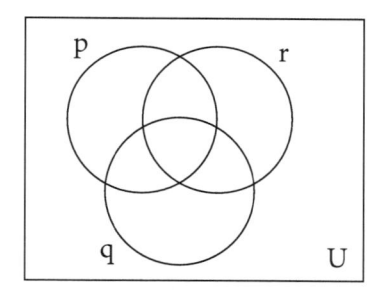

4. A figura abaixo forma um diagrama de Venn apropriado para quatro conjuntos, com 16 regiões que correspondem às 16 linhas da tabela-verdade de três proposições simples (p, q, r, s). Faça a tabela-verdade e enumere as regiões correspondentes à fórmula: ~ (p ∧ q ∧ r ∨ ~ s), pintando somente a região que corresponde ao valor lógico de verdade

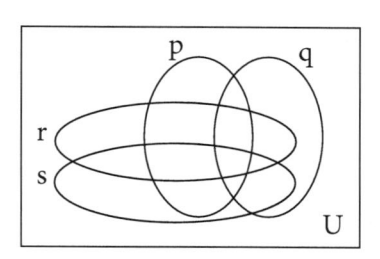

Cálculo Proposicional II

Neste capítulo, vamos diferenciar as tabelas-verdade conforme seu comportamento em função das proposições, classificando-as em *tautológicas*, *contraditórias* e *contingentes*. Mostraremos também como algumas proposições são equivalentes a outras, ou seja, são iguais enquanto valores lógicos. Por fim, abordaremos o método dedutivo, que compreende a escrita de equivalências das fórmulas atômicas ou proposicionais.

3.1 Tautologias

Para Alencar Filho (2002), uma *tautologia* é toda proposição composta cujo valor lógico é sempre a verdade, independentemente dos valores lógicos das proposições simples. Ou seja, se tivermos uma proposição formada por conectivos de outras proposições simples e essa proposição for logicamente verdadeira, ela será *tautológica*. A tautologia também é conhecida como **fórmula logicamente válida**.

Vamos observar alguns exemplos. Podemos começar com o princípio do terceiro excluído, que diz:

> Toda proposição ou é verdadeira (V) ou é falsa (F), excluindo uma terceira possibilidade.

1. Pela fórmula do cálculo proposicional, temos o princípio do terceiro excluído, representado por p ∨ ~ p. A tabela-verdade dessa proposição é a seguinte:

p	~ p	p ∨ ~ p
V	F	V
F	V	V

2. Vejamos a proposição p ∨ ~ (p ∧ q). Construindo a tabela-verdade, temos:

p	q	p ∧ q	~(p ∧ q)	p ∨ ~ (p ∧ q)
V	V	V	F	V
V	F	F	V	V
F	V	F	V	V
F	F	F	V	V

Observe que a última coluna terminou com todos os valores lógicos iguais a (V); assim, temos uma tautologia.

3. Vamos analisar a proposição composta Q(p, q, r), definida por:

Q: (p → q) → (p ∧ r → q).

De modo análogo, operacionalizando na tabela-verdade, temos:

p	q	r	(p → q)	(p ∧ r)	(p ∧ r → q)	(p → q) → (p ∧ r → q)
V	V	V	V	V	V	V
V	V	F	V	F	V	V
V	F	V	F	V	F	V
V	F	F	F	F	V	V
F	V	V	V	F	V	V
F	V	F	V	F	V	V

(continua)

(conclusão)

p	q	r	(p → q)	(p ∧ r)	(p ∧ r → q)	(p → q) → (p ∧ r → q)
F	F	V	V	F	V	V
F	F	F	V	F	V	V

Observe que, nos três exemplos anteriores, a última coluna, que corresponde sempre à sentença proposicional, termina com valores lógicos (V), o que confirma que todas as proposições são tautológicas.

3.2 Contradições

Também chamada de **contratautologia, contraválida** ou **fórmula logicamente falsa**, uma contradição é toda proposição composta P, Q, R, [...], cujo valor lógico sempre é a falsidade; ou seja, a última coluna sempre dá a falsidade (valor lógico F), independentemente dos valores lógicos das proposições simples que formam a proposição composta. Observe os exemplos.

1. Pela fórmula do cálculo proposicional, temos p ∧ ~ p. A tabela-verdade dessa proposição é:

p	~p	p ∧ ~p
V	F	F
F	V	F

2. Veja a proposição (p ∨ ~q) ↔ (~p ∧ q).

p	q	~q	~p	(p ∨ ~q)	(~p ∧ q)	(p ∨ ~q) ↔ (~p ∧ q)
V	V	F	F	V	F	F
V	F	V	F	V	F	F
F	V	F	V	F	V	F
F	F	V	V	V	F	F

3.3 Contingências

As contingências diferem da tautologia, em que o valor lógico das proposições compostas é sempre a verdade, e da contradição, em que há sempre falsidade na última coluna. As contingências apresentam tanto a verdade como a falsidade em seu valor lógico. Alguns autores chamam as contingências de **proposições indeterminadas**, por não ser possível expressar a validade de verdade ou falsidade. Vamos estudar alguns exemplos.

1. Vejamos o caso da condicional p → q e sua tabela-verdade:

p	q	p → q
V	V	V
V	F	F
F	V	V
F	F	V

Observe que, na última coluna, que seria o resultado da condicional, temos valores de V (verdade) e F (falsidade). Esse comportamento é definido como uma contingência.

2. Dada a proposição p ∧ (~q → p), teremos a seguinte tabela-verdade:

p	q	~q	~q → p	p ∧ (~q → p)
V	V	F	V	V
V	F	V	V	V
F	V	F	V	F
F	F	V	F	F

Podemos observar que temos uma contingência pela análise da última coluna da tabela-verdade.

3.4 Relação de implicação (⇒)

Para explicar a relação de implicação, vamos adotar a relação de inclusão, que vem da teoria de conjuntos. Essa relação pode ser entendida como uma propriedade definida por:

A ⊂ B ⇔ (∀x, x ∈ A ⇒ x ∈ B)

Com base nessa definição, seja um conjunto A qualquer, cujos elementos apresentam certas propriedades (certas características) e está contido em um conjunto B, cujos elementos apresentam também as mesmas propriedades, podemos dizer que todos os elementos do conjunto A são também elementos do conjunto B.

Sendo assim, é correto dizer que cada um dos elementos de A tem uma propriedade P (qualquer), igual à dos elementos que formam o conjunto B. Daí surge a seguinte notação: "$p \Rightarrow q$" (que se lê: "p implica q" ou "p acarreta q"). Vale observar que alguns autores costumam também usar a notação "$\vdash$" para representar uma implicação, embora ela seja mais usada em lógica argumentativa.

> Preste atenção!
>
> O que é *implicação*?
> "Relação estabelecida entre dois conceitos ou proposições, de tal forma que a afirmação da verdade de um deles conduz à inferência necessária da veracidade do outro" (Houaiss; Villar, 2009, p. 1054). Nesse caso, a primeira proposição é chamada de **antecedente** e a segunda, de **consequente**. Um exemplo de implicação é o que vimos no Capítulo 2, quando estudamos relações do tipo "se A = B e B = C, então A = C.

Para aprofundar nossos estudos nesse campo, vamos trabalhar alguns conceitos matemáticos correlatos, a começar pelo de função crescente. Fazendo uso da linguagem simbólica, podemos escrever o conceito de função crescente da seguinte forma:

$\forall (x_1, x_2) (x_1 < x_2 \Rightarrow f(x_1) < f(x_2))$

Ela se lê: "**Se x_1 menor que x_2, isso implica $f(x_1) < f(x_2)$ para todo x_1 e x_2**". Ou seja, na linguagem não matemática, significa dizer que, se o valor do domínio aumenta, sua imagem também aumentará.

No estudo das funções quadráticas, também chamadas de *polinomiais* ou *do 2º grau*, o conjunto imagem da função é determinado pelo intervalo que se inicia no ponto de máximo ou de mínimo, definido por $y_v = -\frac{\Delta}{4a}$. Ao analisar o comportamento da função, para a > 0, temos o seguinte:

$$a > 0 \Rightarrow y \geq -\frac{\Delta}{4a}, \forall x \in \mathbb{R}$$

Nesse caso, o símbolo de implicação ($\Rightarrow$) é usado para reforçar a validade do argumento. Já em lógica, a implicação de duas proposições só é válida, ou seja, verdadeira, quando não ocorre em seu valor lógico a condição VF na tabela-verdade. Na condicional p → q, só não existe a implicação quanto se tem valor lógico VF. Com relação a esse ponto, destacamos a noção de teorema.

> **Preste atenção!**
>
> **O que é *teorema*?**
> Teorema é uma "proposição que pode ser demonstrada por meio de um processo lógico" (Houaiss; Villar, 2009, p. 1829), com base em proposições anteriormente demonstradas ou reconhecidas como válidas.

Segundo Iezzi e Murakami (2013), o teorema é uma implicação da hipótese para a tese, pois nunca ocorre o caso de a hipótese ser verdadeira e a tese falsa. Assim, definimos a implicação como uma proposição composta P que implica outra proposição, Q, se ambas forem verdadeiras. Vejamos algumas implicações.

1. A condicional "p → q" e a conjunção "p ∧ q":

p	q	p → q	p ∧ q
V	V	V	V
V	F	F	F
F	V	V	F
F	F	V	F

São implicações apenas a primeira linha, em que se tem V para ambos os casos. Portanto, $p \rightarrow q \Rightarrow p \wedge q$.

Algumas implicações lógicas são evidentes, ou notáveis, por isso as chamamos de **regras de inferência**. Vejamos as mais importantes no quadro a seguir.

Quadro 3.1 – Regras de inferência

Regras		Fórmulas atômicas
Modus Ponens	(MP)	$p \wedge (p \rightarrow q) \Rightarrow q$
Modus Tollens	(MT)	$\sim q \wedge (p \rightarrow q) \Rightarrow \sim p$
Silogismo hipotético	(SH)	$(p \rightarrow q) \wedge (q \rightarrow r) \Rightarrow (p \rightarrow r)$
Silogismo disjuntivo	(SD)	$(p \vee q) \wedge \sim p \Rightarrow q$
Simplificação	(S)	$p \wedge q \Rightarrow p$
Adição	(AD)	$p \Rightarrow p \vee q$
Eliminação	(EL)	$(p \rightarrow (q \vee r)) \wedge \sim q \Rightarrow p \rightarrow r$
Prova por casos	(CS)	$(p \rightarrow r) \wedge (q \rightarrow r) \Rightarrow (p \vee q) \rightarrow r$

Fonte: Adaptado de Abar, 2017.

Essas regras são utilizadas para a análise de um argumento quando precisamos verificar sua validação. Dessa forma, a inferência (regras) se torna um processo, o qual, por meio de outras proposições, gera uma nova proposição, para se chegar a uma proposição aceitável de modo que o argumento não fique invalidado, ou seja, para que não se caia em um *axioma* ou em uma *contradição*.

3.5 Relação de equivalência ($\Leftrightarrow$)

A relação de equivalência é entendida sempre que temos duas proposições com o mesmo valor lógico. Assim, concluímos que duas proposições são equivalentes quando apresentam a mesma tabela-verdade. Observe um exemplo.

1. Seja a proposição: (r → s) ⇔ (~s → ~r). Fazendo as tabelas-verdade, temos:

r	s	r → s
V	V	**V**
V	F	**F**
F	V	**V**
F	F	**V**

r	s	~r	~s	~s → ~r
V	V	F	F	**V**
V	F	F	V	**F**
F	V	V	F	**V**
F	F	V	V	**V**

Observe que a última coluna das duas tabelas (que representam as proposições) são iguais, ou seja, têm valores lógicos idênticos; portanto, temos uma equivalência. Algumas equivalências são tautológicas, como podemos observar no quadro a seguir.

Quadro 3.2 – Relações de equivalência

Comutativa	$p \wedge q \Leftrightarrow q \wedge r$	$p \vee q \Leftrightarrow q \vee p$
Associativa	$(p \wedge q) \wedge r \Leftrightarrow p \wedge (q \wedge r)$	$(p \vee q) \vee r \Leftrightarrow p \vee (q \vee r)$
Idempotente	$p \wedge p \Leftrightarrow p$	$p \vee p \Leftrightarrow p$
Propriedades de V	$p \wedge V \Leftrightarrow p$	$p \vee V \Leftrightarrow V$
Propriedades de F	$p \wedge F \Leftrightarrow F$	$p \vee F \Leftrightarrow p$
Absorção	$p \wedge (p \vee r) \Leftrightarrow p$	$p \vee (p \wedge r) \Leftrightarrow p$
Distributivas	$p \wedge (q \vee r) \Leftrightarrow (p \wedge q) \vee (p \wedge r)$	$p \vee (q \wedge r) \Leftrightarrow (p \vee q) \wedge (p \vee r)$
Distributivas	$p \to (q \wedge r) \Leftrightarrow (p \to q) \wedge (p \to r)$	$p \to (q \vee r) \Leftrightarrow (p \to q) \vee (p \to r)$

(continua)

(Quadro 3.2 – conclusão)

Leis de De Morgan	$\sim(p \wedge q) \Leftrightarrow \sim p \vee \sim q$	$\sim(p \vee q) \Leftrightarrow \sim p \wedge \sim q$
Def. implicação	$p \to q \Leftrightarrow \sim p \vee q$	$p \to q \Leftrightarrow \sim(p \wedge \sim q)$
Def. bicondicional	$p \leftrightarrow q \Leftrightarrow (p \to q) \wedge (q \to p)$	$p \leftrightarrow q \Leftrightarrow (\sim p \vee q) \wedge (\sim q \vee p)$
Negação	$\sim(\sim p) \Leftrightarrow p$	
Contraposição	$p \to q \Leftrightarrow \sim q \to \sim p$	
Exportação ($\Rightarrow$)	Importação ($\Leftarrow$)	$(p \wedge q) \to r \Leftrightarrow p \to (q \to r)$
Troca de premissas	$p \to (q \to r) \Leftrightarrow q \to (p \to r)$	

Fonte: Adaptado de Abar, 2017.

Dessa forma, se a bicondicional de duas proposições compostas for tautológica, então a equivalência existirá. Mais adiante, no último capítulo, veremos com mais detalhes essas regras e as relações de equivalência aplicadas à validação de argumentos.

3.6 Método dedutivo

Como o próprio nome diz, o *método dedutivo* consiste em fazer uso de **deduções com base em implicações ou equivalências** para **validar proposições**. Até agora, fazíamos essas validações por tabelas-verdade. No entanto, elas apresentam certa dificuldade, em função do número de proposições e de sua construção. O método dedutivo, por outro lado, consiste em fazer uso da aplicação de equivalências, implicações, propriedades e regras de inferência, bastando trabalhar com elas diretamente. No Capítulo 4, vamos ver com mais propriedade sua aplicação com relação a argumentos válidos. Por enquanto, vejamos um exemplo.

1. Tome a regra de **inferência da simplificação**, que é definida pela seguinte implicação:

$p \wedge q \Rightarrow p$

Vamos demostrar a validade dessa implicação. Observe:

$$p \wedge q \Leftrightarrow \sim(p \wedge q) \vee p \xleftrightarrow{\text{De Morgan}} (\sim p \vee \sim q) \vee p \Leftrightarrow$$

$$\xleftrightarrow{\text{Associativa}} (\sim p \vee p) \vee \sim q$$

$$\xleftrightarrow{\text{Contradição}} T \vee \sim q \xleftrightarrow{\text{Identidade disjunção}} T$$

Como termina em tautologia, temos a afirmação de que a implicação é válida.

2. A regra conhecida como *modus ponens* é uma implicação:

$(p \rightarrow q) \wedge p \Rightarrow q$

Demonstrando por dedução:

$$(p \rightarrow q) \wedge p \xleftrightarrow{\substack{\text{Cumulativa e} \\ \text{neg. condic.}}} p \wedge (\sim p \vee q) \xleftrightarrow{\substack{\text{Distributiva} \\ \text{da conjun./disj.}}}$$

$$(p \wedge \sim p) \vee (p \wedge q) \xleftrightarrow{\text{Contradição}}$$

$$\Leftrightarrow C \vee (p \wedge q) \xleftrightarrow{\text{Disjunção}} p \wedge q \xleftrightarrow{\text{Simplif.}} q$$

A princípio, você pode pensar: "é muito mais simples que a tabela-verdade". No entanto, cada caso é um caso, como estudaremos no último capítulo.

Síntese

Neste capítulo, demonstramos que, se a tabela-verdade terminar com todos os valores lógicos iguais à verdade (V), temos uma tautologia; se a tabela-verdade terminar com todos os valores lógicos iguais à falsidade (F), temos uma contradição; e que se a tabela-verdade terminar com valores lógicos iguais à verdade (V) e também à falsidade (F), temos uma contingência. Além disso, mostramos que a relação de implicação ocorre quando não há valores lógicos iguais a VV e que a equivalência entre duas proposições ocorre quando suas tabelas-verdade são iguais.

Atividades de autoavaliação

1. Marque a alternativa que classifica corretamente a proposição (~p ∧ ~ r) ∧ (q ∧ r):

    a) Tautológica.//
    b) Contingente.//
    c) Contradição.//
    d) Nenhuma das alternativas anteriores está correta.

2. Podemos afirmar que uma proposição composta é contingente quando:

    a) a última coluna da tabela-verdade é toda falsa.//
    b) a última coluna da tabela-verdade é toda verdadeira.//
    c) a última coluna da tabela-verdade é formada por valores lógicos falsos e verdadeiros.//
    d) a última coluna apresenta apenas um valor verdadeiro.

3. Marque a alternativa que não apresenta uma equivalência lógica:

    a) Comutativa.//
    b) *Modus ponens.*//
    c) Adição.//
    d) Simplificação.

4. Com base na expressão (p ∧ q) ⇔ (q ∧ p), podemos afirmar que ela é uma relação de:

    a) equivalência.//
    b) lógica.//
    c) inferência.//
    d) bicondicional.

5. Se negarmos a proposição simples (~p), teremos como equivalência a proposição:

   a) p
   b) ~p
   c) ~(~p)
   d) Nenhuma das alternativas anteriores está correta.

Atividades de aprendizagem

Questões para reflexão

1. Analise, por meio de tabelas-verdade, se as equivalências a seguir são válidas:

   a) $(p \land q) \Leftrightarrow (q \land p)$
   b) $p \land (q \lor r) \Leftrightarrow (p \land q) \lor (p \land r)$

2. Mostre que a proposição $(p \leftrightarrow q) \land p \Rightarrow q$ é uma implicação lógica.

Atividades aplicadas: prática

1. Prove pela tabela-verdade que a equivalência $(p \rightarrow q) \Leftrightarrow (\sim q \rightarrow \sim p)$ é válida.

2. Prove pela tabela-verdade que a equivalência $\sim(p \rightarrow q) \Leftrightarrow (p \land \sim q)$ é válida.

SENTENÇAS ABERTAS

Neste capítulo, abordaremos o que são sentenças abertas e como transformá-las em proposições fazendo uso de quantificadores universais. Também vamos diferenciar os quantificadores de modo que possamos compreender como utilizá-los. Por fim, analisaremos um argumento que seja válido para testá-los mediante alguns métodos de validação, direta e indiretamente, recorrendo aos tópicos trabalhados anteriormente.

4.1 SENTENÇAS ABERTAS: CONCEITO

Já sabemos que as proposições lógicas são sentenças afirmativas que podem assumir um valor lógico de verdade ou falsidade. No entanto, algumas sentenças, principalmente na matemática, mesmo sendo afirmativas, não podem ser consideradas *proposições*, afinal, muitas vezes, o modo com que um proposição se apresenta não nos permite de imediato atribuir-lhe um juízo de valor.

Sentenças abertas são aquelas que apresentam variáveis e cujo valor lógico não se consegue definir de imediato, pois depende muito do valor atribuído à variável. São também chamadas de ***funções enunciativas***. Assim, é evidente que não podemos considerar como falsas ou verdadeiras as expressões:

- $x + 3 = 11$;
- $x \geq 5$;
- $x^2 = 3x$;
- x é médico.

Mas, se atribuirmos constantes numéricas às variáveis, produziremos enunciados que podem ser verdadeiros ou falsos. Para provar essa ideia, podemos testar a sentença $x + 3 = 11$. Para que x seja verdadeiro, ele deve assumir o valor 8, caso em que teremos o valor lógico dessa sentença aberta: a verdade. No entanto, se $x = 5$, o valor lógico passa a ser falso.

Mediante essa lógica, devemos transformar as sentenças abertas em proposições, cujo valor lógico sempre é definido. Para tanto, um dos modos mais triviais, e mais comumente utilizados, é atribuir valores numéricos às variáveis procurando observar a validade do argumento, ou seja, tornar a proposição verdadeira ou com valor lógico V. Por exemplo, atribuímos o valor de $x = 8$ e aí temos que a proposição $x + 3 = 11$ é verdadeira.

Nesse sentido, Cerqueira e Oliva (1982, p. 91), definem que "uma constante satisfaz um enunciado aberto quando gera um enunciado verdadeiro ou ainda, que a extensão de um enunciado aberto é o conjunto de todos os indivíduos dos quais o enunciado é verdadeiro".

4.2 Quantificadores

Outro modo de trabalhar com essas sentenças é fazer uso de quantificadores, que tornam uma sentença aberta. Os quantificadores são enunciados gerais, os quais afirmam que uma expressão, uma sentença ou um predicado são verdadeiros se forem válidos para todo um conjunto, não para alguns elementos apenas.

4.2.1 Quantificador universal

Para Sérates (2000), um modo simples de exemplificar o uso de quantificadores é fazendo a análise de um conjunto. Vamos analisar dois exemplos.

1. Seja o conjunto A = {1; 2; 3; 5; 7; 11}. Podemos dizer que:
   - "para todo elemento de A, ele é número primo";
   - "qualquer que seja o elemento de A, ele é um número primo";
   - "existe elemento de A que é ímpar";
   - "existe um único elemento de A que é par";
   - "não existe elemento de A que seja múltiplo de 13".

As expressões "Para todos x ..." ou "qualquer que seja" são conhecidas como **quantificadores universais** e representadas pelo símbolo "$\forall$". Em conjuntos e em soluções de equações matemáticas, você já se deparou com expressões do tipo:

$\forall x \in R, x \leq 5$

A leitura é feita da seguinte forma: "Para todo x pertencente ao conjuntos dos números reais, x é menor ou igual a 5".

Nesse sentido, Todo ($\forall$), que é o quantificador universal, expressa o universo dos números que são reais. Cabe lembrar que só tem sentido utilizar um quantificador universal ($\forall$) quando ele exprime a verdade da proposição.

Antes de seguir adiante, vejamos mais um exemplo.

2. Se tomarmos a expressão x + 3 = 11 e a escrevermos com o auxílio do quantificador universal, teremos:

   $(\forall x \in R) / (x + 3 = 11)$

Trata-se de uma falsidade, pois não é para todo x real que a expressão x + 3 = 11 é válida.

4.2.2 Quantificador existencial

Como o próprio nome sugere, ele indica que "existe pelo menos um" ou "existe um" enunciado geral que afirma a validade do argumento (proposição) em questão. Representado pelo símbolo "$\exists$", o quantificador existencial afirma a unicidade (a existência) de pelo menos uma condição necessária e suficiente para transformar a sentença fechada em uma proposição verdadeira.

Dessa forma, as expressões $x + 3 = 11$ e $x^2 = 3x$ podem se tornar proposições verdadeiras se fizerem uso do quantificador existencial. Veja:

$(\exists x) / (x + 3 = 11)$

Ela se lê: "existe um número x tal que x mais três é igual a 11". Quanto à segunda:

$(\exists x) / (x^2 = 3x)$

Lemos: "existe um número x tal que x ao quadrado é igual a três vezes x". Ou, ainda, uma outra expressão:

$(\exists x \in N) / (x + 2 < 7)$

Essa proposição é verdadeira, pois o conjunto verdade (Vp) da sentença aberta é Vp = {0, 1, 2, 3, 4}. Já na proposição $(\exists x \in N) / (x + 4 < 3)$, o valor lógico é falso, pois o conjunto verdade é vazio, ou seja, não há um número natural que, somado a 4, seja menor que três. Portanto, Vp = $\varnothing$.

4.2.3 Quantificador existencial de unicidade

Esse é um caso específico, em que se afirma que "existe um e um só" elemento para validar uma proposição. Muitas sentenças na matemática afirmam a existência da unicidade. Por exemplo: a sentença aberta $x^2 - 16 = 0$ pode ser escrita pelo quantificador existencial de unicidade da seguinte forma:

$\exists! x \in N / x^2 - 16 = 0$

O símbolo "$\exists!$" representa o quantificador existencial de unicidade.

4.3 Negação de proposições por quantificadores

A negação de proposições escritas com o uso de quantificadores pode ser representada pelo conectivo de negação (~), conforme vimos no Capítulo 2. Mas aqui não negaremos utilizando a simbologia de negação trivial, ou seja:

~(∃! x ∈ N / x² − 16 = 0

~(∀ x ∈ R) / (x + 3 = 11)

Em vez disso, faremos uso das equivalências entre os quantificadores universal e existencial.

Vamos entender melhor esse conceito. De um modo geral, a negação de uma proposição com quantificador é equivalente a um quantificador existencial. Vejamos o que Alencar Filho (2002, p. 181) afirma a esse respeito: "a negação da proposição composta por um quantificador universal, do tipo (∀ x ∈ A) / (p(x)), é equivalente à afirmação de que, **para ao menos um** x ∈ A, p(x) é falsa ou a negação (~(p(x))) é verdadeira". Assim, a equivalência ficaria:

~[(∀x ∈ A) (p(x)) ⇔ (∃x ∈ A) (~p(x))

Reciprocamente, a negação da proposição com quantificador existencial é equivalente ao quantificador universal:

~[(∃x ∈ A) (p(x)) ⇔ (∀x ∈ A) (~p(x))

Dessa forma, concluímos que a negação transforma o quantificador universal em quantificador existencial e vice-versa. Vejamos alguns exemplos.

1. A negação da proposição: "Todo aluno de licenciatura em matemática é bom em lógica" é "existe pelo menos um aluno da licenciatura em matemática que não é bom em lógica" ou "nenhum aluno da licenciatura em matemática é bom em lógica".

Outro modo de negar um quantificador é fazer uso de um contraexemplo. O contraexemplo é utilizado para mostrar que uma proposição do seguinte tipo:

$(\forall x \in A)\, (p(x))$

é falsa, o que revela que sua negação é verdadeira, ou seja:

$(\exists x \in A)\, (\sim p(x))$.

2. Seja a seguinte proposição:

$(\forall x \in R)\, (x^2 > x)$

Sabemos que ela é falsa, pois, se utilizarmos o valor de x = 1, teremos 1 > 1, o que torna essa desigualdade falsa. Nesse caso, existe um número x que torna a desigualdade falsa. Negando, temos:

$(\exists x \in R)\, (x^2 < x)$

Logo, se existir um x, a negação se torna verdadeira. Assim, sendo x = 1/3, teremos que 1/9 < 1/3.

4.4 Negação e álgebra das proposições

A negação conjunta ou disjunta ocorre quando negamos duas proposições que se apresentam na forma conjuntiva e disjuntiva, conforme estudamos no Capítulo 2. Vamos ver cada uma separadamente. Para negar uma conjunção ou disjunção, usaremos a notação de Scheffer, que é representada por duas setas:

- Seta para baixo "↓", que representa a negação da conjunção;
- Seta para cima "↑", para representar a negação da disjunção "ou" (∨).

4.4.1 Negação conjunta de duas proposições

A negação conjuntiva consiste em negar a conjunção simples formada por duas proposições por meio do conectivo "∧". Precisamos de duas proposições p ∧ q e de uma seta para baixo "↓".

"p ↓ q" ↔ ~p ∧ ~q.

A proposição de negação "~p ∧ ~q" só será verdadeira quando p e q forem falsas, como podemos observar a seguir. Assim, essa proposição, na forma de tabela-verdade, fica:

p	q	p ∧ q
V	V	V
V	F	F
F	V	F
F	F	F

~p	~q	~p ∧ ~q
F	F	F
F	V	F
V	F	F
V	V	V

Conjunção normal ⟶ Conjunção negada

Pela observação da tabela-verdade, temos:

p ∧ q ⟶ ~p ∧ ~q

Vejamos o exemplo da seguinte proposição composta.

1. Seja a proposição "Professores e alunos foram ao cinema". Negar essa proposição significa dizer que:

   - "Nem professores e nem alunos foram ao cinema".
   - "É mentira que Pedro ou Paulo foram ao cinema".

4.4.2 Negação disjunta de duas proposições

Podemos definir *negação disjunta* como a negação de duas proposições quaisquer, p e q, como sendo "~p" ou "~q". Na negação, utilizamos a notação de Scheffer, de seta para cima: "p ↑ q". Logo, a equivalência p ↑ q ↔ ~p ∨ ~q é válida, e suas tabelas-verdade ficam da seguinte forma:

p	q	p ∨ q
V	V	V
V	F	V
F	V	V
F	F	F

~p	~q	~p ∨ ~q
F	F	F
F	V	V
V	F	V
V	V	V

Disjunção normal ⟶ Disjunção negada

Dessa forma, podemos ver que algumas proposições são equivalentes aos conectivos de Scheffer. A proposição de negação "~p ∨ ~q" só será verdadeira quando pelos menos uma for verdadeira, como podemos observar na próxima subseção.

4.4.3 Negação pela regra de De Morgan

A regra ou lei de De Morgan serve para negar uma conjunção em função da disjunção, e vice-versa. Ou seja:

~(p ∧ q) ⇔ ~p ∨ ~q

ou ⟶

~(p ∨ q) ⇔ ~p ∧ ~q

Para demonstrar essa equivalência, vamos fazer apenas uma tabela-verdade:

p	q	p ∨ q	~(p ∨ q)	~p	~q	~p ∧ ~q
V	V	V	F	F	F	F
V	F	V	F	F	V	F
F	V	V	F	V	F	F
F	F	F	V	V	V	V

Observe que as colunas das proposições são idênticas e, portanto, verdadeiras; ou seja, a bicondicional é verdadeira.

Veja o exemplo a seguir para entender melhor.

1. Vamos considerar:

    - p – Meu filho foi à escola.
    - q – Meu filho fez a prova.

Assim, "p ∧ q" significa que "meu filho foi à escola e fez a prova". Se negarmos pela lei de De Morgan, temos:

~(p ∧ q) ⇔ ~p ∨ ~q

Isso significa que "É falso que meu filho foi à escola e fez a prova" ⇔ "Meu filho não foi à escola ou meu filho não fez a prova".

Fica evidente que **negar duas proposições que são ao mesmo tempo verdadeiras (∧) equivale a afirmar que pelo menos uma é falsa**. Assim, podemos também concluir que negar pelo menos uma de duas proposições significa afirmar que ambas são falsas.

Veja mais um exemplo.

2. Observe as duas proposições:

- P = Teremos uma semana de folga.
- Q = Teremos uma viagem grátis.

"Não é verdade que teremos 1 semana de folga ou uma viagem grátis" ⇔ "Não teremos 1 semana de folga e não teremos uma viagem grátis"

> ### Preste atenção!
>
> #### Quem foi *Augustus de Morgan*?
> O matemático britânico, nascido na Índia, Augustus de Morgan (1806-1871), escreveu diversos livros de grande aceitação, os quais se ocuparam de uma ampla variedade de temas no âmbito da matemática, da lógica e da trigonometria. Foi o primeiro a definir, em bases rigorosas, o conceito de **indução matemática**. Em seu livro *Trigonometry and double algebra* (Trigonometria e álgebra dupla), De Morgan propôs uma interpretação geométrica dos números complexos. Considera-se, porém, que sua maior contribuição para o pensamento abstrato tenha sido o conjunto de operações que ficou conhecido como as *Leis de De Morgan*, mediante as quais despontou como um reformador da lógica matemática.

4.4.4 Negação da condicional

Como próprio nome diz, a negação da condicional $p \rightarrow q$ é $\sim(p \rightarrow q)$. Se utilizarmos a tabela-verdade das condicionais anteriores, teremos, para uma simples comparação, o seguinte resultado:

p	q	(p → q)	~(p → q)
V	V	V	F
V	F	F	V
F	V	V	F
F	F	V	F

Devemos lembrar da equivalência lógica, pois sabemos que p → q ⇔ ~p ∨ q, que é a definição de implicação. Logo, se negarmos ~(~p ∨ q), encontraremos p ∧ ~q. Veja que a equivalência ~(~p ∨ q) ⇔ p ∧ ~q é válida. Veja a tabela-verdade, que compara a equivalência das negações.

p	q	(p → q)	~(p → q)	~q	p ∧ ~q
V	V	V	F	F	F
V	F	F	V	V	V
F	V	V	F	F	F
F	F	V	F	V	F

Portanto, concluímos: (p → q) ⇔ p ∧ ~q. Além de serem equivalentes, trata-se da negação da condicional. Lembre-se que, ao estudarmos equivalências, temos ainda a propriedade da contrapositiva da condicional, que também a nega. Veja:

(p → q) ⇔ (~q → ~p)

Pela tabela-verdade, temos essa equivalência:

p	q	(p → q)	~q	~p	(~q → ~p)
V	V	V	F	F	V
V	F	F	V	F	F
F	V	V	F	V	V
F	F	V	V	V	V

Vamos exemplificar uma proposição composta por meio de enunciados:

A proposição composta "Se uma mosca é um inseto, então passarinho é uma ave" é claramente uma condicional. Se a ela aplicarmos a negação da condicional, a sentença ficará: "A mosca é um inseto **e** o passarinho **não** é uma ave".

4.4.5 Negação para a bicondicional

Já a negação da bicondicional "p ↔ q" pode ser encontrada se juntarmos a condicional p → q com sua recíproca q → p. Embora existam outras maneiras de negar a bicondicional, preferimos usar a fórmula equivalente da negação da condicional, por meio da conjunção. Veja:

Se (p ↔ q) ≡ (p → q) ∧ (q → p)   (I)

Logo, ~(p ↔ q) ≡ ~(p → q) ∧ ~(q → p)   (II)

Como sabemos que a negação da condicional (p → q) é equivalente a ~p ∨ q, podemos, então, negá-la:

~(p → q) ⇔ ~p ∨ q   (III)

Substituindo (III) em (I), temos:

~(p ↔ q) ≡ (~p ∨ q) ∧ (~q ∨ p) ou ~(p ↔ q) ≡ (p ∧ ~q) ∨ (q ∧ ~p)

1. Vamos considerar a negação da proposição "O Brasil será campeão se, e somente se, ganhar da Argentina." Sua negação pode ser escrita como:
   - "O Brasil será campeão e não ganhará da Argentina, ou a Argentina não perderá e o Brasil não será campeão."

4.5 Lógica argumentativa

Entendemos por *lógica argumentativa* a lógica que está ligada sempre à formação de argumentos. Primeiramente, porém, precisamos esclarecer o que é um argumento.

4.5.1 Argumento

No estudo de lógica, **argumentos** são declarações que servem para afirmar ou negar um fato por meio de duas ou mais proposições. Normalmente, na linguagem coloquial, dizemos sempre que, com base em hipóteses (premissas), podemos concluir (tese), afirmando ou negando, um argumento.

Uma **premissa** é uma proposição que pressupomos ser verdadeira, ou seja, é uma frase que acreditamos ser verdadeira, mesmo sem termos julgado se ela de fato o é, ou se, ao contrário, é falsa.

> **Preste atenção!**
>
> **O que é *tese*?**
> Tese é uma "proposição que se apresenta ou expõe para ser defendida em caso de contestação" (Houaiss; Villar, 2009, p. 1836). Etimologicamente, o vocábulo deriva da palavra grega *thésis*, que significava *conclusão por raciocínio, argumento ou proposição* (Houaiss; Villar, 2009, p. 1836). Para a lógica aristotélica, assim como para a filosofia escolástica, tese é uma "proposição assumida como princípio teórico que fundamenta uma demonstração, argumentação ou um processo discursivo" (Houaiss; Villar, 2009, p. 1836).

Assim, argumentar é apresentar uma proposição como sendo consequência de uma ou mais proposições. Como vimos em capítulos anteriores, as proposições podem ser verdadeiras ou falsas, mas, ao nos referirmos aos *argumentos*, vamos considerá-los válidos ou inválidos.

O **argumento válido** é aquele cujas premissas aceitamos ou admitimos que são verdadeiras (mesmo que elas sejam falsas), obrigando a existência da conclusão. Vamos ver um argumento bem conhecido para entender isso melhor:

1. "Todos os homens são mortais".
2. "Sócrates é um homem".
3. "Logo, Sócrates é mortal".

As proposições: "Todos os homens são mortais" e "Sócrates é um homem", são preposições que chamamos de *premissas* (ou hipóteses). Já a terceira, "Sócrates é mortal", chamaremos de *conclusão* (tese). Essa proposição é chamada de *conclusão* porque vem sempre depois da conjunção conclusiva, ou seja, após as palavras *logo, então* e *portanto*. É claro que pode acontecer de essas conjunções não aparecerem, e nesse caso aceitamos que a última proposição seja a conclusão.

Observe o diagrama a seguir.

Figura 4.1 – Diagrama: Sócrates

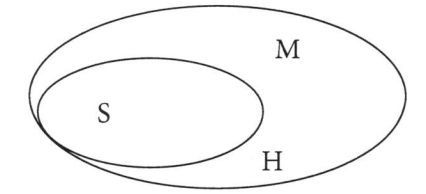

Fica evidente no diagrama que "S", que indica "Sócrates", é um elemento do conjunto homem, representado por H, e também um elemento do conjunto mortal, representado por M; logo, "Sócrates é mortal" é uma conclusão válida.

Quando o argumento é **inválido**, ele é chamado de *sofisma* ou *falácia*, como apontamos anteriormente. Observe que, nesse tipo de argumento, a composição é feita de duas premissas e uma conclusão. Quando isso acontece, dizemos que temos um **silogismo**.

Vamos ver outro argumento:

1. "Todos os cachorros miam".
2. "Os gatos não miam".
3. Portanto, "os cachorros não são gatos".

Temos aqui um caso de silogismo, pois temos duas premissas e uma conclusão. As premissas são (1) e (2), enquanto a conclusão é (3). Para esse argumento ser válido, vamos pressupor que as premissas sejam verdadeiras; assim, sendo verdadeira, a conclusão também o será*.

Vejamos isso pelo diagrama.

Figura 4.2 – Diagrama: cachorros e gatos

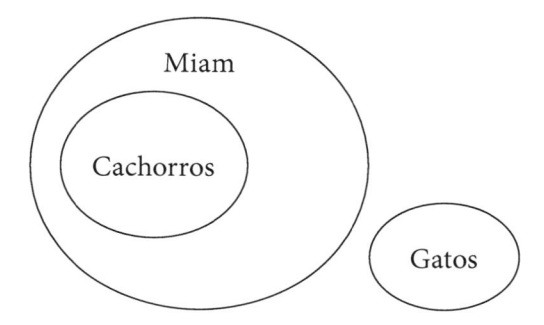

Pelo diagrama, fica fácil concluir que "os cachorros não são gatos", e que, logo, o argumento é válido.

Vejamos um novo argumento:

1. "Todas as pessoas elegantes se vestem bem".
2. "Meus alunos se vestem bem".
3. "Logo, meus alunos são elegantes".

As premissas são (1) e (2) e a conclusão, (3). Temos um silogismo, mas o que queremos mesmo saber é se o argumento é válido. Vejamos o diagrama.

---

* Todos sabemos que, na vida real, cachorros não miam nem sob tortura, certo? Gatos, ao contrário, miam com grande frequência. Mas o que importa, aqui, é demonstrar que, mesmo que as premissas não sejam verdadeiras, podemos obter uma conclusão válida a partir delas. Se as premissas forem verdadeiras, conseguimos garantir, com base nelas, que o argumento é válido, ou seja, trata-se de um silogismo. No entanto, mesmo que o argumento seja válido, como se vê neste exemplo, não se conclui disso que as premissas sejam pressuposições verdadeiras. Não estamos afirmando, de fato, que cães miam.

Figura 4.3 – Diagrama: pessoas elegantes

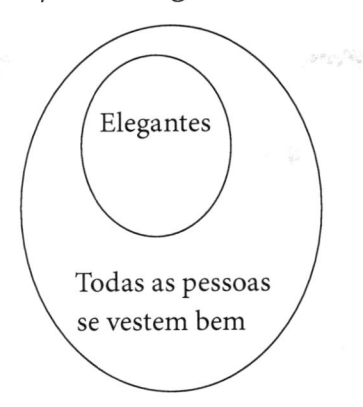

[Diagrama: elipse maior rotulada "Todas as pessoas se vestem bem" contendo elipse menor rotulada "Elegantes"]

Veja que não temos como concluir com exatidão que meus alunos são elegantes, pois existe a possibilidade de não haver alunos elegantes. Logo, trata-se de um argumento inválido, ou seja, de um sofisma ou de uma falácia.

Figura 4.4 – Diagrama: caso aplicado

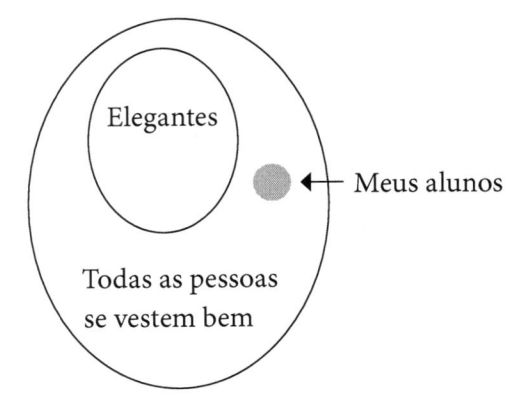

[Diagrama: elipse maior rotulada "Todas as pessoas se vestem bem" contendo elipse menor rotulada "Elegantes"; um ponto fora da elipse menor indicado por seta com rótulo "Meus alunos"]

4.5.2 Validade de um argumento

Para Alencar Filho (2002, p. 89), podemos definir a validade de um argumento da seguinte forma: "Um argumento $P_1, P_2, \ldots, P_n \vdash Q_{n+1}$ diz-se válido se e somente se a conclusão Q é verdadeira todas as vezes que as premissas $P_1, P_2, \ldots, P_n$ são verdadeiras". Ou seja, um argumento só é válido se tivermos o valor lógico (V) das premissas e o valor lógico (V) da conclusão. Para Alencar Filho (2002), todo argumento válido goza da propriedade de que "A verdade das premissas é incompatível com a falsidade da conclusão". Logo, temos que ter sempre a implicação lógica como verdade. Vejamos alguns exemplos.

1. Vamos ver, por meio das proposição composta, qual é a validade do argumento.

   $p \rightarrow q$

   $p \vee q$

   $\sim q$
   _____

   $\therefore q$

Tomando as premissas: $p \rightarrow q$; $p \vee q$; $\sim q$, devemos uni-las com o conectivo da conjunção "∧". Podemos demonstrar, pela tabela-verdade, a validade de um argumento.

(p	→	q)	∧	(p	∨	q)	∧	~	q	⇒	q
V	V	V	V	V	V	V	F	F	V	**V**	V
V	F	F	F	V	V	F	F	V	F	**V**	F
F	V	V	V	F	V	V	F	F	V	**V**	V
F	V	F	F	F	F	F	F	V	F	**V**	F
1	2	1	3	1	2	1	**4**	2	1	**5**	1

Vamos relembrar: no Capítulo 2, vimos que, na lógica, a implicação de duas proposições só é válida – ou seja, verdadeira – quando não ocorre em seu valor lógico a condição VF na tabela-verdade. Embora o argumento tenha implicação – ou seja, houve a implicação lógica – ele não é válido, pois apresenta premissas que não são simultaneamente verdadeiras; por exemplo, a primeira linha (1ª) da tabela-verdade. Nessa linha, temos:

(p	→	q)	∧	(p	∨	q)	∧	~	q	⇒	q
V	V	V	V	V	V	V	F	F	V	V	V

2. Seja o argumento:

   $p \rightarrow q$

   $r \rightarrow s$

   $\sim q \vee \sim s$
   _____
   $\therefore \sim p \vee \sim r$

Pela tabela-verdade, temos:

(p	→	q)	∧	(r	→	s)	∧	(~	q	∨	~	s)	⇒	(~	p	∨	~	r)
V	V	V	V	V	V	V	F	F	V	F	F	V	V	F	V	F	F	V
V	V	V	F	V	F	F	F	F	V	V	V	F	V	F	V	F	F	V
V	V	V	V	F	V	V	F	F	V	F	F	V	V	F	V	V	V	F
V	V	V	V	F	V	F	V	F	V	V	V	F	V	F	V	V	V	F
V	F	F	F	V	V	V	F	V	F	F	V	F	V	F	V	F	F	V
V	F	F	F	V	F	F	F	V	F	V	V	V	V	F	V	F	F	V
V	F	F	F	V	V	V	F	V	F	V	V	F	V	F	V	V	V	F
V	F	F	F	F	V	F	F	V	F	V	V	F	V	F	V	V	V	F
F	V	V	V	V	V	V	F	F	V	F	F	V	V	V	F	V	F	V
F	V	V	F	V	F	F	F	F	V	V	V	F	V	V	F	V	F	V
F	V	V	V	F	V	V	F	F	V	F	F	V	V	V	F	V	V	F
F	V	V	V	F	V	F	V	F	V	V	V	F	V	V	F	V	V	F
F	V	F	V	V	V	V	V	F	V	F	V	V	V	V	F	V	F	V
F	V	F	F	V	F	F	F	F	V	V	V	F	V	V	F	V	F	V
F	V	F	V	F	V	V	V	F	V	F	V	V	V	V	F	V	V	F
F	V	F	V	F	V	F	V	V	F	V	F	V	V	V	F	V	V	F
1	2	1	3	1	2	1	4	2	1	3	2	1	5	2	1	4	2	1

Por essa tabela, podemos ver que, no argumento, há uma implicação; portanto, trata-se de um argumento válido, pois apresenta premissas que são simultaneamente verdadeiras – por exemplo, a décima sexta linha (16ª) da tabela-verdade. Nessa linha, temos:

(p	→	q)	∧	(r	→	s)	∧	(~	q	∨	~	s)	⇒	(~	p	∨	~	r)
F	V	F	V	F	V	F	V	V	F	V	F	V	V	V	F	V	V	F

O argumento anterior se trata da regra de inferência denominada ***Dilema Destrutivo (DD)***.

> **Preste atenção!**
>
> **O que são *regras de inferência*?**
> São argumentos básicos que podem ser adotados para se executar uma dedução ou demonstração. Habitualmente, sua escrita segue uma forma padronizada, de modo que as premissas são dispostas uma sobre a outra e acima de um traço horizontal, sob o qual coloca-se a conclusão (Alencar Filho, 2002).

Em muitas situações a validação de um argumento por tabelas-verdade pode ser trabalhosa, em função do seu tamanho. Por isso, fazemos uso de outros métodos.

4.5.3 Outros modos de validar um argumento – método dedutivo

Podemos verificar a validade de um argumento por meio de métodos de demonstração direta ou indireta.

4.5.3.1 Demonstração direta

Por *demonstração direta* entendemos o processo em que se faz uso das regras de inferência e das propriedades do cálculo proposicional, além das equivalências lógicas, sem recorrer a artifícios matemáticos. As regras de inferência são argumentos válidos e simples que podemos usar para deduzir conclusões com base em premissas.

Vamos, então, validar alguns argumentos por meio das regras de inferência. Lembre-se de que já estudamos algumas **regras de inferência** que são equivalências lógicas. Mas, para facilitar, sugerimos consultar a tabela do Anexo, ao fim do livro, pois ela traz as principais regras. Vejamos alguns exemplos.

1. Prove o seguinte argumento: "A colheita é boa, mas não há água suficiente".

Se houver muita chuva ou se não houver muito sol, então haverá água suficiente. Portanto, a colheita é boa e há muito sol.

A primeira coisa a se fazer, nesse caso, é transformar em linguagem simbólica as proposições; depois, separar as premissas e a conclusão, ordenando-as por numeração. Vejamos:

- "p" = A colheita é boa;
- "q" = Há água suficiente;
- "r" = Há muita chuva;
- "s" = Há muito sol.

Agora, escrevemos o argumento:

$(p \wedge \sim q) \wedge [(r \vee \sim s) \to q] \to p \wedge s$

Temos duas premissas (P_n) e uma conclusão (Q_{n+1}), que vamos numerar, para facilitar:

P1 $(p \wedge \sim q)$
P2 $(r \vee \sim s) \to q$
Q $\therefore p \wedge s$

Agora, vamos fazer uso das regras de inferência (RI) para trabalhar as premissas, de modo a chegar à conclusão. Vamos numerar (1, 2, 3,...) as linhas de acordo com as operações realizadas e, depois, indicaremos qual regra foi aplicada. Voltamos ao exemplo:

1. $(p \wedge \sim q)$ P1
2. $(r \vee \sim s) \to q$ P2
3. $\sim q$ Em 1, usamos a simplificação (RI).
4. p Em 1, usamos a simplificação (RI).
5. $\sim(r \vee \sim s)$ Em 2 e 3, aplicamos *Modus Tollens*.
6. s Em 5, usamos a simplificação.
7. $p \wedge s$ Em 4 e 6, aplicamos a conjunção, chegando à conclusão.

> **Preste atenção!**
>
> **O que significa *provar*?**
> Trata-se de "utilizar uma argumentação precisa que convença o leitor de que certa proposição anteriormente enunciada está correta. É algo essencial para o estabelecimento da verdade matemática. Pode ser realizado direta ou indiretamente. A prova direta é estimada pelos matemáticos, ao passo que ela explica, por meio dos axiomas e resultados já provados, a razão da validade da afirmação que está sendo provada."
> (Mota; Carvalho, 2011)

2. Prove que o seguinte argumento é válido.

   1. p
   2. $q \to r$
   3. $\sim r$
   ─────────
   $\therefore \sim q$

   Demonstrando, com as devidas substituições, temos:

   1. p P1
   2. $q \to r$ P2
   3. $\sim r$ P3
   4. $\sim q$

   Aplicando em 2 e 3 o *Modus Tollens*, temos a conclusão.

   Na demonstração direta, como vimos, sempre assumimos a hipótese como verdadeira, utilizando uma série de argumentos verdadeiros e deduções lógicas (Nagafuchi, 2009). Por isso, para um professor de Matemática que atue na educação básica, técnica ou superior, recomendamos trabalhar com as provas de alguns conceitos matemáticos, em vez de só reproduzi-los.

Como exemplo de prova direta, Mota e Carvalho (2011, p. 154) apresenta:

> Seja n um número natural, então n também é um número ímpar. Prova: Assumindo que n é um número natural ímpar, então existe um número natural k tal que n = 2k + 1. Consequentemente, n = $(2k + 1)^2 = 4k^2 + 4k + 1 = 2(2k^2 + 2k) + 1$, o que implica que n é um número ímpar. Vale ressaltar que se um teorema é contraposto a outro, logo são equivalentes: Para provar o teorema: "o quadrado de um número par também é par", basta observar que ele é contraposto ao acima provado, portanto, são equivalentes.

Outro modo de demonstrar diretamente um argumento é utilizando o método da suposição, como no exemplo a seguir.

3. Vamos supor que temos uma proposição composta formada pela seguinte implicação: "Se n é um número natural par, então n² é um número natural par."

Note que a implicação "p → q" sugere que p é a premissa verdadeira; logo, a conclusão, q, também deve ser. Primeiro definimos que n ∈ N. Assim, podemos afirmar que:

- se n é par, existe um número natural k tal que n = 2k". (hipótese/premissa);
- se n é par, então, n = 2k também é, e k deve pertencer a N.

Então, devemos provar que "n² é um número natural par." Sabemos que $n^2 = (2k)^2 = 2 \cdot 2k^2 = 2(2k^2)$. Logo, concluímos que n² é par e, portanto, a condicional é verdadeira.

4.5.3.2 DEMONSTRAÇÃO INDIRETA

Vamos trabalhar agora com a demonstração indireta, chamada de *condicional*. A demonstração condicional é outro modo de demonstrar a validade de um argumento. Por exemplo, o argumento $P_1, P_2, ..., P_n \vdash Q_{n+1}$ (visto em 4.5.2), corresponde a:

$P_1, P_2, ..., P_n \rightarrow Q_{n+1}$

Logo, temos que $P_1, P_2, \ldots, P_n \vdash A \rightarrow B$ (com a conclusão Q_{n+1} sendo igual a "$A \rightarrow B$").

Esse argumento será válido somente se $A \rightarrow B$ for uma tautologia. Se utilizarmos em $(P_1 \wedge P_2 \wedge \ldots \wedge P_n) \rightarrow (A \rightarrow B)$ a regra da importação, podemos obter uma condicional equivalente a:

$(P_1 \wedge P_2 \wedge P_3 \wedge \ldots \wedge P_n) \rightarrow (A \rightarrow B)$

Se introduzirmos A como premissa adicional (PA), encontraremos a equivalência em:

$(P_1 \wedge P_2 \wedge P_3 \wedge \ldots \wedge P_n \wedge P_A) \rightarrow B$

Portanto, o argumento é válido se, e somente se, também for válido o argumento $P_1, P_2, \ldots, P_n, A \vdash B$ (com conclusão "B").

Observe que o exemplo a seguir.

1. Prove que o argumento $p \vee (q \rightarrow r), \sim r \vdash q \rightarrow p$.

Como podemos observar, temos nesse argumento uma condicional "$q \rightarrow p$" como conclusão. Logo, para validar o argumento, temos de criar uma premissa adicional, que será q. Assim, o argumento fica:

$p \vee (q \rightarrow r), \sim r, q \vdash p$

Analisando as quatro premissas (as normais e a adicional) e a conclusão p, temos:

1. $p \vee (q \rightarrow r)$
2. $\sim r$
3. q _____
   $\therefore p$

Dessa forma, podemos fazer a prova usando as regras de inferência e as propriedades do cálculo proposicional. Observe:

1. $p \vee (q \rightarrow r)$
2. $\sim r$
3. q
4. $p \vee (\sim q \vee r)$ 1. Negação da condicional
5. $(p \vee \sim q) \vee r$ 4. Propriedade associativa da disjunção
6. $p \vee \sim q$ 2. e 5. Silogismo disjuntivo
7. $\sim\sim q$ 3. Dupla negação
8. p 6. e 7. Silogismos disjuntivo
∴ p Conclusão.

4.5.3.3 Demonstração indireta por redução ao absurdo

A demonstração por absurdo consiste em negar a conclusão de um argumento como verdadeira. Para Abar (2017), a demonstração por absurdo admite um argumento $P_1, P_2, P_3, \ldots, P_n \vdash Q_{n+1}$, que considera a negação da conclusão Q_{n+1} como premissa adicional, ou seja:

$P_1, P_2, P_3, \ldots, P_n, \sim Q_{n+1} \vdash F$

Conclui-se que a conclusão é do tipo contraditória. Abar (2017) chama essa conclusão de *fórmula falsa*, por chegarmos em:

$(a \wedge \sim a$ – contradição$)$

Se considerarmos a negação da conclusão de um argumento (lembre-se de que premissas e conclusões têm de ser verdadeiras para serem válidas), teremos de admitir que a negação é verdadeira e, portanto, teremos uma conclusão falsa, o que é um absurdo.

Vamos ver alguns exemplos.

1. Demonstrar, por absurdo, a validade do argumento (Revoredo, 2016):

   $p \rightarrow \sim q, r \rightarrow q \vdash \sim(p \wedge r)$

Antes da demonstração, temos que considerar:

- a negação da conclusão, $\sim(p \land r)$, passa a ser $p \land r$;
- $p \land r$ passa a ser premissa adicional.

Assim, a demonstração fica:

1. $p \to \sim q$	P_1
2. $r \to q$	P_2
3. $p \land r$	Premissa adicional
4. p	3. Simplificação
5. r	3. Simplificação
6. $\sim q$	1. e 4. *Modus Ponens*
7. q	2. e 5. *Modus Ponens*
8. $q \land \sim q$	6. e 7. Contradição
$\therefore$ F	Conclusão

Do ponto de vista pedagógico, o método de demonstração por absurdo considera que assumimos a validade da hipótese (premissas) supondo que a tese é falsa (conclusão). Assim, ao usarmos hipótese e tese, concluímos um "absurdo".

2. Vamos provar que $\sqrt{2}$ é um número irracional pelo método de redução ao absurdo.

Nosso argumento é do tipo $\sqrt{2} \to$ *irracional*. Então, devemos negar a conclusão (*irracional*). Logo, a negação é "racional". Além disso, se o número é racional, pode ser escrito na forma p/q, com $q \neq 0$. A premissa adicional passa ser a negação. Portanto, a conclusão se torna um silogismo (falácia/F). Vamos demonstrar.

Se $\sqrt{2}$ é um número racional, então haverá dois inteiros positivos, p e q, tais que $\sqrt{2} = p/q$, sendo p/q uma fração irredutível e os números, primos entre si.

Temos, então:

$\sqrt{2} = p/q$

Elevando essa igualdade ao quadrado, $(\sqrt{2})^2 = (p/q)^2$, encontramos:

$2 = p^2/q^2 \Rightarrow p^2 = 2q^2$

Isso mostra que p^2 é par e que p também o é. Logo, temos de provar que q também é par.

Vejamos: se p = 2n, com n ∈ N, temos que $p^2 = 2q^2$. Substituindo p por 2n, temos: $(2n)^2 = 2q^2 \Leftrightarrow 4n^2 = 2q^2 \Rightarrow q^2 = 2n^2$

Assim, provamos que q é par. No entanto, se q e p são pares, eles são divisíveis por 1 e por 2, não sendo mais primos entre si. E, não sendo eles primos entre si, a fração p/q não é mais irredutível. Logo, temos um absurdo, ou seja, uma contradição, pois a hipótese adicional de que $\sqrt{2}$ é racional é consequência dela mesma. Desse modo, não aceitamos a hipótese como verdadeira, excluindo-a, e aceitamos que $\sqrt{2}$ é um número irracional.

4.5.3.4 Demonstração indireta por indução finita

Demonstrações por indução finita (ou *indução matemática*) servem para provar que uma sequência de proposições denotadas por P(1), P(2), (...) P(n) é verdadeira, sem a necessidade de realizar a prova para cada uma delas. O princípio é: se P(1) é verdadeira, e supondo verdade uma quantidade P(k), mostramos que P(k + 1) também é verdade. P(k), nesse caso, é a **hipótese de indução**.

Vamos demonstrar com um exemplo.

1. Suponha a seguinte proposição: "A soma dos n primeiros números ímpares é igual n^2".

   Vejamos:

   $1 = 1$

   $1 + 3 = 4$

   $1 + 3 + 5 = 9$

   $1 + 3 + 5 + 7 = 16$

   ...

   $1 + 3 + 5 + 7 + k = n^2$

A princípio, parece que a verdade é evidente, mas é impossível considerar todas as possibilidades. Então, recorremos ao princípio da indução finita, que se fundamenta em duas propriedades, e que é conhecido como *passo indutivo* ou *propriedades da indução*. Ou seja, a prova se dá pelas propriedades:

- 1 p – Mostra que para P_1 a hipótese é verdadeira;
- 2 p – Mostra que o que vale para P(k), vale também para P(k + 1), ou seja, $P(k) \Rightarrow P(k + 1)$.

Voltemos à proposição: "A soma dos n primeiros números impares é igual n^2". Devemos também apontar que $1 + 3 + 5 + 7 + 9 + \ldots = (2n - 1)$ e que $\sum_{n=1}^{m} (2n - 1)$ é a lei que determina qualquer número ímpar, sendo $n \in \mathbb{N}^*$.

Lembre-se que $\mathbb{N}^*$ refere-se ao conjunto dos números naturais não nulos.

Vamos iniciar a prova. Testaremos a proposição para a primeira propriedade. Para n = 1, temos:

$1 = n^2 \Rightarrow 1 = 1^2$

Logo, esse dado é verdadeiro. Passemos para a hipótese (premissa): o argumento é válido para um determinado n = k. Chegamos, assim, à conclusão: se $1 + 3 + 5 + 7 + 9 + \ldots + (2k - 1) = k^2$, aplicamos a segunda propriedade:

$P(k) \Rightarrow P(k + 1)$

Logo, se $1 + 3 + 5 + 7 + 9 + \ldots + (2k - 1) = k^2$, temos:

$$\underbrace{(1 + 3 + 5 + 7 + 9 + \ldots + (2k - 1))}_{k^2} + 2k + 1 \Rightarrow \text{(que implica)}$$

$$\Rightarrow k^2 + 2k + 1 = (k + 1)^2.$$

Fica provada, assim, a segunda propriedade.

4.5.3.5 Demonstração indireta por árvore de refutação

Trata-se de um método bastante eficaz de validar argumento. Na lógica matemática, também é conhecido como ***árvores lógicas*** ou ***demonstrações em árvore***. Segundo Faria (2016), a principal característica desse método é

> proceder por redução ao absurdo (em que se nega uma proposição que se quer provar mostrando, por conseguinte, que isso dá origem a uma inconsistência ou absurdo). Assim, o primeiro passo, quando temos uma determinada forma lógica, é negar a conclusão e juntá-la às premissas. Seguidamente procura-se analisar se o conjunto de proposições (as premissas e a negação da conclusão) é inconsistente ou não. Se for inconsistente, então a forma lógica do argumento é válida. Se não for inconsistente, então a forma lógica do argumento é inválida.

Ainda segundo Faria (2016), para examinar se existe inconsistência ou não nas proposições, é preciso fazer a simplificação das fórmulas ou proposições compostas mais complexas. Um exemplo disso é a conjunção "$p \wedge q$", que pode ser considerada complexa na hora de trocá-la por outra propriedade ou regra equivalente. Para facilitar, essas proposições são simplificadas pelas regras das árvores da refutação.

Quando se aplica a refutação, o objetivo é encontrar contradições ou absurdos durante as simplificações, até que não haja mais proposições ou fórmulas pra simplificar. As regras de simplificação das fórmulas são apresentadas por Faria (2016), conforme a figura a seguir.

Figura 4.5 – Árvores de refutações

Conjunção
1. $A \wedge B$
2. A (1)
3. B (1)

Disjunção
1. $A \vee B$
2. A (1) B (1)

Condicional
1. $A \rightarrow B$
2. $\neg A$ (1) B (1)

Bicondicional
1. $A \leftrightarrow B$
2. A (1) $\neg A$ (1)
3. B (1) $\neg B$ (1)

Negação dupla
1. $\neg \neg A$
2. A (1)

Negação da conjunção
1. $\neg(A \wedge B)$
2. $\neg A$ (1) $\neg B$ (1)

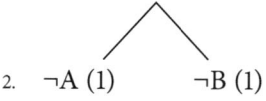

Negação da disjunção
1. $\neg(A \vee B)$
2. $\neg A$ (1)
3. $\neg B$ (1)

Negação da condicional
1. $\neg(A \rightarrow B)$
2. A (1)
3. $\neg B$ (1)

Negação da bicondicional
1. $\neg(A \leftrightarrow B)$
2. A (1) $\neg A$ (1)
3. $\neg B$ (1) B (1)

Fonte: Manual Escolar, 2014.

Fazendo uso das árvores de refutações, vamos mostrar como esse método funciona. Primeiramente, vamos adotar um argumento como exemplo, para verificar a sua validade.

1. Seja o argumento: p → q, ~q ⊢ ~p. Temos como premissas as fórmulas "p → q", "~q" e como conclusão a fórmula "~p".

Para facilitar a compreensão do método, vamos separar as etapas. Acompanhe:

1ª etapa: Devemos escrever as premissas (P_n) uma abaixo da outra, juntamente com a negação da conclusão, enumerando-as, tal como fazíamos em demonstração direta. Assim, temos:

1. p → q
2. ~q
3. p (Observe que p é a negação da conclusão)

2ª etapa: Adicionamos um ramo (∧) na última linha e enumeramos, na sequência, a linha após o ramos, para indicar a operação a ser realizada, veja:

1. p → q
2. ~q
3. p
   /\
4.

3ª etapa: Damos início à simplificação da fórmula que aparece na primeira premissa, colocando-a entre parênteses para indicar que estamos fazendo a análise. Na linha 4, utilizamos uma das regras da árvore das refutações (enumere a regra do lado da operação), que corresponde ao operador lógico da premissa em questão (P1), simplificando a proposição complexa:

1. (p → q)
2. ~q
3. p
   /\
4. ~p (1)   q (1)

4ª etapa: Questionamos se, em cada ramo, encontramos contradição ou não. Quando encontramos uma contradição em determinado ramo da árvore, este fica fechado, razão por que assinalamos com um "X" debaixo do ramo onde existe tal contradição e enumeramos, entre parênteses, as linhas onde há contradição.

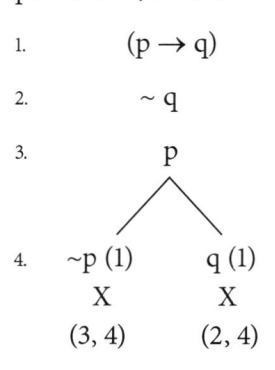

1. $(p \rightarrow q)$
2. $\sim q$
3. p
4. $\sim p\ (1)$ $\quad$ $q\ (1)$
   $\quad$ X $\quad\quad\quad$ X
   $\;$ (3, 4) $\quad\;$ (2, 4)

Etapa final: Questionamos se, em cada ramo, encontramos contradição ou não, ou seja, se os ramos estão fechados. Se todos os ramos estiverem fechados, o argumento é válido. Caso contrário, precisamos checar se não existem contradições. Caso não existam, concluímos que o argumento é inválido. É importante destacar que pode haver, em vez de contradições nos ramos, variáveis simples, negações de variáveis proposicionais ou fórmulas falsas. Sendo assim, finalizamos a árvore.

2. Verificar se o argumento $p \rightarrow q, q \vdash p$ é válido pelo método da árvore de refutações.

    Resolvendo conforme as etapas apresentadas, chegamos a:

1. $(p \rightarrow q)$
2. q
3. $\sim p$
4. $\sim p\ (1)$ $\quad$ $q\ (1)$

Como você pode notar, os ramos da árvore não fecharam (não basta fechar um apenas), e o argumento é inválido.

Síntese

Neste capítulo, conceituamos sentenças abertas, que são aquelas cujo valor lógico não pode ser definido. Mostramos também que os quantificadores universal e existencial são usados para transformar sentenças abertas em proposições e para negar fórmulas por meio de suas propriedades, além de serem usados para validar um argumento.

Atividades de autoavaliação

1. Analise se as afirmativas a seguir são verdadeiras (V) ou falsas (F) e, em seguida, marque a alternativa que apresenta a sequência correta:

    ( ) Todo número inteiro é primo.
    ( ) Todo triângulo retângulo é isósceles.
    ( ) Existe um número cuja raiz quadrada é 0.
    ( ) Existe um quadrado que não é quadrilátero.

    a) F, V, V, V.
    b) F, F, F, F.
    c) F, F, V, V.
    d) F, F, V, F.

2. Dada a sentença aberta $x^2 - 2x + 1 = 0$, podemos afirmar que o conjunto verdade em R é:

    a) { 0 , 1 }.
    b) { 1 }.
    c) { 0 }.
    d) { }, conjunto vazio.

3. Dado o conjunto A = {1, 2, 4, 6, 8, 12, 13, 14} e a sentença aberta "x é divisor de A", marque a alternativa correta que determina o conjunto-verdade dessa sentença.

   a) { 1, 2 }
   b) { 1 }
   c) { 1, 13 }
   d) { 1, 2, 13)

4. Sejam dadas as seguintes proposições p e q:
   - p : "chove"
   - q : "A rua está molhada"

   E o argumento: "Se chove, a rua esta molhada"; "A rua não está molhada"; "Não chove". Considerando que os dois primeiros argumentos são as premissas e o terceiro a conclusão, podemos afirmar pelo método da refutação que o argumento é:

   a) inconclusivo.
   b) falso.
   c) verdadeiro.
   d) contraditório.

5. Dadas as seguintes proposições p e q, e o argumento representado por: $\sim p \rightarrow q, q \rightarrow \sim r, r$, podemos afirmar, pelo método da refutação, que o argumento é:

   a) inválido.
   b) inconclusivo.
   c) válido.
   d) contraditório.

Atividades de aprendizagem

Questões para reflexão

1. Dado o argumento "Se Todo cidadão é honesto então todos pagam seus impostos"; "Marcos não é honesto"; logo, "Marcos paga impostos". Transforme em linguagem simbólica e verifique se o argumento é válido por meio da tabela-verdade.

2. Seja o argumento "Todo cliente satisfeito deixa gorjeta para o garçom"; "Matemáticos não deixam"; transforme em linguagem simbólica e resolva esse argumento por meio do método das árvores das refutações.

Atividades aplicadas: prática

1. Demonstrar a validade do argumento, por meio da construção de tabelas-verdade das seguintes proposições:

    a) $p \vee \sim q \downarrow (p \rightarrow \sim q)$

    b) $\sim p \vee \sim q \rightarrow (p \uparrow q)$

2. Prove, por indução matemática, que a sentença: $1^3 + 2^3 + \ldots + n^3 = (1 + 2 + \ldots + n)^2$ é verdadeira para $n \geq 1$.

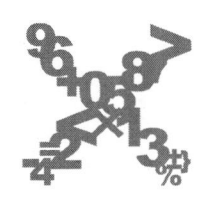

Considerações finais

Esperamos que este material tenha proporcionado a você um bom conhecimento geral sobre lógica matemática e chamado sua atenção para a importância que esse conhecimento apresenta para a maneira de ensinar e argumentar matematicamente. Esperamos também que você seja estimulado a aprofundar seus conceitos sobre os significados da lógica e suas implicações na formação do pensar matemático e em sua formação como professor de Matemática, numa perspectiva de transposição didática entre o saber matemático e o saber docente.

Desejamos que este seja um pontapé inicial para você se aprofundar, através do estudo das lógicas e da dialética, na filosofia matemática.

Referências

ABAR, C. A. A. P. **Noções de lógica matemática.** Disponível em: <http://www.pucsp.br/~logica/>. Acesso em: 4 fev. 2017.

ALENCAR FILHO, E. de. **Iniciação à lógica matemática.** São Paulo: Nobel, 2002.

AZEREDO, J. C. de. **Gramática Houaiss da língua portuguesa.** São Paulo: Houaiss/Publifolha, 2014.

CERQUEIRA, L. A.; OLIVA, A. **Introdução à lógica.** 3. ed. Rio de Janeiro: Zahar, 1982.

CHAUI, M. **Convite à filosofia.** São Paulo: Ática, 1994.

CHAUI, M. **Introdução à história da filosofia**: dos pré-socráticos a Aristóteles. São Paulo: Companhia das Letras, 2002a. v. 1.

CHAUI, M. **Introdução à história da filosofia**: as escolas helenísticas. São Paulo: Companhia das Letras, 2002b. v. 2.

DRUCK, I. de F. A linguagem lógica. **Revista do Professor de Matemática**, Rio de Janeiro, n. 17, p. 10-18, 1990. Disponível em: <http://rpm.org.br/cdrpm/17/3.htm>. Acesso em: 4 fev. 2017.

FARIA, D. **Noções de lógica**: árvores de refutação. Disponível em: <http://blog.domingosfaria.net/2012/10/nocoes-de-logica-arvores-de-refutacao.html>. Acesso em: 7 maio 2016.

HOUAISS, A.; VILLAR, M. de S. **Dicionário Houaiss da língua portuguesa**. Rio de Janeiro: Instituto Antônio Houaiss; Objetiva, 2009.

IEZZI, G.; MURAKAMI, C. **Fundamentos da matemática elementar**: conjuntos, funções. 9. ed. São Paulo: Atual, 2013.

JUR, J. **Curso completo de lógica**. Disponível em: <http://www.academia.edu/4435931/curso_completo_de_logica>. Acesso em: 4 fev. 2017.

MACHADO, N. J. **Matemática e língua materna**: análise de uma impregnação mútua. 5. ed. São Paulo: Cortez, 2001.

MANUAL ESCOLAR. Lógica proposicional: outro método para determinar a validade (I). 2014. Disponível em: <http://manualescolar2.0.sebenta.pt/projectos/fil11/posts/1524/?comentario=2608#:~:text=A%20principal%20caracter%C3%ADstica%20deste%20m%C3%A9todo,e%20junt%C3%A1%2Dla%20%C3%A0s%20premissas>. Acesso em: 26 jan. 2023.

MOTA, M. C.; CARVALHO, M. P. Os diferentes tipos de demonstrações: uma reflexão para os cursos de licenciatura em matemática. **Revista da Educação Matemática da UFOP**, Ouro Preto, v. I, 2011.

NAGAFUCHI, T. **Um estudo histórico-filosófico acerca do papel das demonstrações em cursos de bacharelado em matemática**. 150 f. Dissertação (Mestrado em Ensino de Ciências e Educação Matemática) – Universidade Estadual de Londrina, Londrina, 2009.

OSLER, W. The Student Life. In: MORLEY, C. (Org.) **Modern Essays**. New York: Harcourt, Brace and Company, 1921. Disponível em: <https://www.gutenberg.org/files/38280/38280-h/38280-h.htm#THE_STUDENT_LIFE>. Acesso em: 5 jan. 2016.

REVOREDO, K. **Demonstrações**. Disponível em: <http://www.uniriotec.br/~katerevoredo/Disciplinas/LFA/2-Demonstracoes.pdf>. Acesso em: 7 maio 2016.

SÉRATES, J. **Raciocínio lógico**: matemático, quantitativo, numérico, analítico e crítico. 9. ed. Brasília: Jonofon, 2000.

SOARES, F. A lógica no cotidiano e a lógica na matemática. In: ENCONTRO NACIONAL DE EDUCAÇÃO MATEMÁTICA, 8., 2004, Recife. **Anais...** Recife: Sbem, 2004. Disponível em: <http://www.sbembrasil.org.br/files/viii/pdf/05/MC03526677700.pdf>. Acesso em: 30 dez. 2016.

TOBIAS, J. A. **Lógica e gramática**. São Paulo: Herder, 1966.

Bibliografia Comentada

ALENCAR FILHO, E. de. **Iniciação à lógica matemática**. São Paulo: Nobel, 2002.

Trata-se de uma obra básica para qualquer leitor que queira se aventurar no universo da lógica matemática. De fácil compreensão, com uma linguagem simples e pontual, aborda temas relevantes de modo eficaz, fazendo uso de exercícios simples.

CERQUEIRA, L. A.; OLIVA, A. **Introdução à lógica**. 3. ed. Rio de Janeiro: Zahar, 1982.

A obra deriva de anos de experiência acumulados na licenciatura da disciplina de Lógica. De fácil entendimento, sua leitura é prazerosa, pois os autores tiveram o cuidado de deixá-la bastante dialógica. Aborda a lógica sob uma perspectiva dialética, que pode ser utilizada em qualquer tempo e espaço.

Anexo

Inferências para substituir em argumentos lógicos

Conjunção (Conj.)

$$\begin{array}{l} p \\ \underline{q} \\ \therefore p \wedge q \end{array}$$

Modus Ponens (MP)

$$\begin{array}{l} p \rightarrow q \\ \underline{p} \\ \therefore q \end{array}$$

Modus Tollens (MT)

$$p \rightarrow q$$
$$\sim q$$
$$\therefore \sim p$$

Adição (A)

$$p$$
$$\therefore p \vee q$$

Simplificação (S)

$$p \wedge q$$
$$\therefore p$$

Silogismo Hipotético (SH)

$$p \rightarrow q$$
$$q \rightarrow r$$
$$\therefore p \rightarrow r$$

Silogismo Disjuntivo (SD)

$$p \vee q$$
$$\sim p$$
$$\therefore q$$

Dilema Construtivo (DC)

$$p \rightarrow q$$
$$r \rightarrow s$$
$$p \vee r$$
$$\therefore q \vee s$$

Dilema Destrutivo (DD)

$$p \rightarrow q$$
$$r \rightarrow s$$
$$\underline{\sim q \vee \sim s}$$
$$\therefore \sim p \vee \sim r$$

Regra da Absorção (RA)

$$\underline{p \rightarrow q}$$
$$\therefore p \rightarrow (p \wedge q)$$

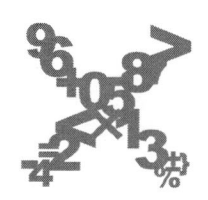

RESPOSTAS

Capítulo 1

Atividades de autoavaliação

1. Alternativas C e D.
2. F, V, F, V.
3. a
4. c
5. b

Atividades de aprendizagem

Questões para reflexão

1. Pessoal.
2. A lógica matemática é concreta e utiliza símbolos e números para criar argumentos; já o raciocínio é mais abstrato, usa a construção do pensamento (razão) para construir argumentos.

Atividades aplicadas: prática

3. Pessoal.
4. Pessoal.

Capítulo 2

Atividades de autoavaliação

1. c
2. c
3. c
4. c
5. d

Atividades de aprendizagem

Questões para reflexão

1.
a) Matemática não é uma ciência.
b) Matemática é uma ciência ou a neve é branca.
c) Matemática é uma ciência e a neve é branca.
d) Se a matemática não é uma ciência, então a neve é branca.

2.
a) $p \wedge q$
b) $p \wedge \sim q$
c) $\sim q$
d) $q \rightarrow p$

Atividade aplicada: prática

1.

a)

p	q	s	p ∧ q	(p ∧ q) → s
V	V	V	V	V
V	V	F	V	F
V	F	V	F	V
V	F	F	F	V
F	V	V	F	V
F	V	F	F	V
F	F	V	F	V
F	F	F	F	V

b)

p	q	r	p ∨ q	~(p ∨ q)	~(p ∨ q) → s
V	V	V	V	F	V
V	V	F	V	F	V
V	F	V	V	F	V
V	F	F	V	F	V
F	V	V	V	F	V
F	V	F	V	F	V
F	F	V	F	V	F
F	F	F	F	V	F

c)

p	q	r	(~q)	(q ∧ r)	(~p ⇔ (q ∧ r))
V	V	V	F	V	F
V	V	F	F	F	V
V	F	V	F	F	V
V	F	F	F	F	V
F	V	V	V	V	V
F	V	F	V	F	F
F	F	V	V	F	F
F	F	F	V	F	F

d)

p	q	r	s	~s	(p → q)	(r ∨ ~s)	((p → q) → (r ∨ ~s))
V	V	V	V	F	V	V	V
V	V	V	F	V	V	V	V
V	V	F	V	F	V	F	F
V	V	F	F	V	V	V	V
V	F	V	V	F	F	V	V
V	F	V	F	V	F	V	V
V	F	F	V	F	F	F	V
V	F	F	F	V	F	V	V
F	V	V	V	F	V	V	V
F	V	V	F	V	V	V	V
F	V	F	V	F	V	F	F
F	V	F	F	V	V	V	V
F	F	V	V	F	V	V	V
F	F	V	F	V	V	V	V
F	F	F	V	F	V	F	F
F	F	F	F	V	V	V	V

2.

a)

	p	q	~q	(p ∨ ~q)	~(p ∨ ~q)
1	V	V	F	V	F
2	V	F	V	V	F
3	F	V	F	F	V
4	F	F	V	V	F

b)

	p	q	r	(q ∨ r)	p ∧ (q ∨ r)
1	V	V	V	V	V
2	V	V	F	V	V
3	V	F	V	V	V
4	V	F	F	F	F
5	F	V	V	V	F
6	F	V	F	V	F
7	F	F	V	V	F
8	F	F	F	F	F

c)

	p	q	(p ∧ q)	~(p ∧ q)
1	V	V	V	F
2	V	F	F	V
3	F	V	F	V
4	F	F	F	V

d)

	p	q	r	~r	(p ∧ q)	(p ∧ q) ∨ ~r
1	V	V	V	F	V	V
2	V	V	F	V	V	V
3	V	F	V	F	F	F
4	V	F	F	V	F	V
5	F	V	V	F	F	F
6	F	V	F	V	F	V
7	F	F	V	F	F	F
8	F	F	F	V	F	V

e)

	p	q	p∧q
1	V	V	V
2	V	F	F
3	F	V	F
4	F	F	F

3.

	p	q	r	~r	(p ∧ q)	(p ∧ q) → ~r	~(p ∧ q) → ~r
1	V	V	V	F	V	F	V
2	V	V	F	V	V	V	F
3	V	F	V	F	F	V	F
4	V	F	F	V	F	V	F
5	F	V	V	F	F	V	F
6	F	V	F	V	F	V	F
7	F	F	V	F	F	V	F
8	F	F	F	V	F	V	F

4.

	p	q	r	s	~s	p∧q∧r	(p∧q∧r ∨ ~s)	~(p∧q∧r ∨ ~s)
1	V	V	V	V	F	V	V	F
2	V	V	V	F	V	V	V	F
3	V	V	F	V	F	F	F	V
4	V	V	F	F	V	F	V	F
5	V	F	V	V	F	F	F	V
6	V	F	V	F	V	F	V	F
7	V	F	F	V	F	F	F	V
8	V	F	F	F	V	F	V	F
9	F	V	V	V	F	F	F	V
10	F	V	V	F	V	F	V	F
11	F	V	F	V	F	F	F	V
12	F	V	F	F	V	F	V	F
13	F	F	V	V	F	F	F	V
14	F	F	V	F	V	F	V	F
15	F	F	F	V	F	F	F	V
16	F	F	F	F	V	F	V	F

Capítulo 3

Atividades de autoavaliação

1. c
2. c
3. a
4. a
5. a

Atividades de aprendizagem

Questões para reflexão

1. Pessoal.
2. Pessoal.

Atividades aplicadas: práticas

1.

p	q	(p → q)	~q	~p	(~q → ~p)
V	V	**V**	F	F	**V**
V	F	**F**	V	F	**F**
F	V	**V**	F	V	**V**
F	F	**V**	V	V	**V**

2.

p	q	(p → q)	~(p → q)	~q	p ∧ ~q
V	V	V	**F**	F	**F**
V	F	F	**V**	V	**V**
F	V	V	**F**	F	**F**
F	F	V	**F**	V	**F**

Capítulo 4

Atividades de autoavaliação

1. d
2. b
3. d
4. c
5. a

Atividades de aprendizagem

Questões para reflexão

1. Pessoal.
2. Pessoal.

Atividades aplicadas: práticas

1.
a) Argumento válido
b) Argumento falso
2. Pessoal.

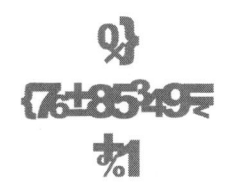

Nota sobre o autor

Marcos Antonio Barbosa, natural de Rio Bom (PR), é bacharel e licenciado em Matemática (1998) pela Universidade Tuiuti do Paraná (UTPR), especialista em Educação Matemática (2000) pela Pontifícia Universidade Católica do Paraná (PUCPR) e em Finanças e Controladoria (2010) pela Faculdade de Ciências Sociais e Aplicadas do Paraná (Facet). É ainda mestre em Educação (2004) pela PUCPR. Atualmente, é professor de Matemática e áreas afins e Diretor de Educação a Distância do Instituto Federal do Paraná (IFPR). É autor de vários livros de educação profissional da Rede E-Tec Brasil e da obra *Iniciação à pesquisa operacional no ambiente de gestão*, pela Editora Intersaberes.

Impressão:
Março/2023